Nitroglycerin VII

Nitroglycerin VII

Fortschritte in der Therapie

Siebtes Hamburger Symposion
24. November 1990

Herausgeber
P. G. Hugenholtz

Walter de Gruyter
Berlin · New York 1991

Dieses Buch enthält 33 Abbildungen und 4 Tabellen.

Die Deutsche Bibliothek – CIP-Einheitsaufnahme

Nitroglycerin VII : Fortschritte in der Therapie / Siebtes Hamburger Symposion, 24. November 1990. Hrsg. P. G. Hugenholtz. – Berlin ; New York : de Gruyter, 1991
Engl. Ausg. u.d.T.: Nitroglycerin 7
ISBN 3-11-013394-6
NE: Hugenholtz, Paul G. [Hrsg.]; Hamburger Nitroglycerin-Symposion <07, 1990>

Satz: Arthur Collignon GmbH, Berlin. – Druck: Gerike GmbH, Berlin. – Bindung: Dieter Mikolai, Berlin

Inhalt

Herausgeber

Prof. Dr. P. G. Hugenholtz

Präsident der SOCAR S.A.
Case Postale 410
CH-1260 Nyon (VD)

Referenten

Prof. Dr. W.-D. Bussmann

Klinikum der
Johann-Wolfgang-Goethe-Universität
Zentrum der Inneren Medizin
Abteilung für Kardiologie
Theodor-Stern-Kai 7
D-6000 Frankfurt 70
Deutschland

Prof. Dr. E. I. Chazov

USSR Cardiology Research Centre
Cherepkovskaja ul. 15
Moskau 121 500
UdSSR

Prof. Dr. R. Hetzer

Abteilung für Herzchirurgie
Deutsches Herzzentrum Berlin
Augustenburger Platz 1
D-1000 Berlin 65
Deutschland

Prof. Dr. B. I. Jugdutt

Department of Medicine
Division of Cardiology
University of Alberta
Edmonton, Alberta
Kanada

Dr. M. Kriegmair
Urologische Klinik und Poliklinik
Ludwig-Maximilians-Universität
Klinikum Großhadern
Marchianinistraße 15
D-8000 München 70
Deutschland

Prof. Dr. H.-P. Nast
Innere Medizinische Abteilung
Ketteler-Krankenhaus
Lichtplattenweg 85
D-6050 Offenbach
Deutschland

Prof. Dr. E. Noack
Institut für Pharmakologie
Heinrich-Heine-Universität
Moorenstraße 5
D-4000 Düsseldorf
Deutschland

Prof. Dr. M. O'Rourke
Medical Professorial Unit
University of New South Wales
St. Vincent's Hospital
Sydney 2010
Australien

Priv. Doz. Dr. Staritz
I. Medizinische Klinik und Poliklinik
Johannes-Gutenberg-Universität
Langenbeckstraße 1
D-6500 Mainz
Deutschland

Prof. Dr. H. J. C. Swan
University of California
School of Medicine
1075 Wallace Ridge
Beverly Hills CA. 90210
USA

Einleitung

P. G. Hugenholtz

Nitroglycerin feiert seinen 100. Geburtstag. Es mag daher vielleicht erstaunen, daß es auf diesem VII. Hamburger Nitroglycerin-Symposium immer noch Neues über dieses Präparat zu berichten gibt.

Die drei wichtigsten Gründe für diese Feststellung lauten:

Erstens: Bei Nitroglycerin handelt es sich um ein Präparat von bemerkenswerter Effizienz. Und dies um so mehr, da es in seinen verschiedenen Dosierungen und Zusammensetzungen dem Herzen „Erleichterung“ verschafft. Wie Swan auf diesem Symposium ausführen wird, hat die Nitrattherapie im Vergleich mit anderen Medikamenten ihren Platz behauptet, ja sogar verbessert, wenn man ein Kosten-Nutzen-Verhältnis zugrundelegt.

Zweitens: Die Erforschung der Geschichte des Endothelins sowie das Verständnis und die Behandlung der Toleranzfrage haben das Präparat aufs Neue bestätigt. Die Beiträge von Noack und O'Rourke beweisen dies.

Drittens: Neben dem kardiovaskulären System haben noch andere Systeme von der beträchtlichen erweiternden Wirkung des Präparats profitiert. Die Beispiele von Hofstetter und Staritz werden dies verdeutlichen. Schließlich werden Bussmann und Nast neue Erkenntnisse zu so etablierten Indikationen wie akuter Herzinfarkt und hypertensive Krise vortragen.

Darüberhinaus gibt es noch weitere Gründe für diese Zusammenkunft. Etwa der grundlegende Bericht von Hetzer über das Herztransplantationsprogramm und der Vortrag von Jugdutt (Kanada) über die neuesten Erkenntnisse aus der breitangelegten Studie über den Schutz des Herzmuskels. Zum Abschluß gibt Chazov einen direkten Einblick in die Behandlung von Patienten in der UdSSR.

Diese Vorträge und der anregende Wettstreit um den von Pohl-Boskamp gestifteten Nitrolingual-Preis bilden ein hervorragendes Programm mit ganz besonderem Reiz für alle, die zu diesem besonderen Wochenende nach Hamburg gekommen sind.

Im Namen aller Vorsitzenden und der Organisatoren darf ich Sie herzlich willkommen heißen, diesen Text zu studieren.

Das Hauptproblem bei der Nitrattoleranz

H. J. C. Swan

Die Toleranz gegenüber dem blutdrucksenkenden Mittel Nitroglycerin wurde schon vor über einem Jahrhundert beschrieben [23], doch klinisches Interesse hat dieses Problem erst in den letzten zehn Jahren erregt. Darin zeigt sich die früher vorherrschende Anwendung von Nitroglycerin als kurzfristige, intermittierende Behandlungsform bei einer bestimmten Art von symptomatischer Herzerkrankung – der Angina pectoris. Die Abschwächung der Nitratwirkung bzw. die Nitrattoleranz ist klinisch relevant geworden mit der Einführung von solchen Nitratverbindungen, die Langzeitwirkung haben, und mit der Anwendung von kontinuierlichen oder quasikontinuierlichen Zuführungseinrichtungen, einschließlich intravenöser Nitroglycerinzuführung und transkutaner Applikation von Nitroglycerin. Eine Abschwächung der Reaktion bzw. die Notwendigkeit für höhere Nitratdosen tritt auf, wenn über einen Zeitraum von etwa 20 oder mehr Stunden ein bestimmter Nitratspiegel im Blut (und/oder im Gewebe) vorhanden ist. Bei verschiedenen Zusammensetzungen kommt es zu einer Überlagerung der Toleranz. Wenn daher ein Patient 24 Stunden lang Isosorbiddinitrat bekommt, wird er bei einer einzelnen sublingualen oder intravenösen Dosis Nitroglycerin im Vergleich zur Reaktion auf die erste Isosorbiddinitrat-Applikation mit einer verringerten Gefäßerweiterung reagieren. Die Entwicklung der Toleranz ist also unseres Erachtens abhängig von der Dosis, und zwar insofern, als eine abgeschwächte oder ausbleibende Reaktion sich bei hohen Nitratdosen schneller entwickelt als bei geringen.

Doch Nitrate sind eine Art Meilenstein in der Therapie mit kardiovaskulären Medikamenten; zum großen Teil deshalb, weil keine gefährlichen Nebenwirkungen vorhanden sind und ihre relativen Kosten im Vergleich zu den meisten Herzmitteln niedrig sind. Doch der allgemeine Nutzen dieses einfachen Medikaments ist beschränkt durch die schnelle Abschwächung der Wirkung, wenn es nicht bei einem akuten Angina-pectoris-Ausbruch eingesetzt wird. Eine Lösung dieses Problems ist von größter Wichtigkeit.

Die Wirkmechanismen, die im Zusammenhang mit der Nitrattoleranz auftreten, sind unbekannt. Needleman und Mitarbeiter [17] gehen davon aus, daß durch einen kontinuierlich hohen Nitratspiegel Sulfhydrylgruppen aus den Rezeptoren der glatten Gefäßmuskeln entfernt werden, was zu einem Mangel an Nitrosothiolen führt. Die Verwendung von N-Azetylzystein wurde vorgeschlagen, um die Entwicklung der Nitrattoleranz einzuschränken. Doch die klinischen Ergebnisse der Versuche mit NAC (N-Azetylzystein) sind nicht überzeugend. Es bestand auch die Meinung, daß dic Verbesserung des Sulfhydrylspiegels in den Thrombozyten in bestimmter Weise mit der aggregationshemmenden Wirkung der Nitrate zusammenhängt. ACE-Hemmstoffe sind auch als zusätzliches Mittel für die Abschwächung der Nitratwirkung vorgeschlagen worden.

Zweck dieses Artikels ist es, folgende Probleme zu untersuchen: das komplexe Zusammenspiel von Nitraten und anderen Faktoren, die für den Gefäßtonus verantwortlich sind; das Problem der Nitrattoleranz bzw. -abschwächung; die möglichen Unterschiede bei den Wirk- bzw. Toleranzmechanismen zwischen den drei bekannten Krankheiten, bei denen Nitrate angewendet werden: chronische ischämische Herzerkrankungen, akute ischämische Syndrome und akute und chronische Herzinsuffizienz. Des weiteren ist es bei der sich ausdehnenden Anwendung der Nitrattherapie unter einer Vielzahl von klinischen Bedingungen naiv, zu erwarten, daß die Anzeichen für Toleranz oder für deren Wirkmechanismen gleich oder auch nur annähernd gleich geartet sind.

Physiologische Auswirkungen von Nitraten

Die grundlegenden Wirkmechanismen bei der Relaxation der glatten Gefäßmuskeln durch Nitrate sind im einzelnen unter anderem durch Ignarro [14], Fung [11], Bassenge [2] und Pohl [22] untersucht worden. Nitroglycerin und andere Nitrate werden in den glatten Gefäßmuskeln in ein Endprodukt umgesetzt, nämlich in Stickoxid NO bzw. in eine den Stickoxiden nahestehende Verbindung. Dadurch wird Guanylatzyklase stimuliert, was am Ende zu der bekannten Wirkung führt: die glatten Muskeln relaxieren. Von großem Interesse, jedoch verwirrend im Hinblick auf die Funktionsmechanismen der Vasomotorik ist die Entdeckung der funktionalen Bedeutung des Gefäßendothels [12] – einer selektiven Schranke für den Transport von Stoffen aus dem Blutstrom in die glatten Gefäßmuskeln und eines Mittlers von gefäßerweiternden und gefäßverengenden Substanzen. Der Grundgedanke, daß EDRF und Stickoxide ein und dasselbe sind, bedarf noch eines absoluten Beweises. Es bestehen wesentliche Unterschiede zwischen den Wirkungen z. B. von Nitroglycerin und Natriumnitroprussid, und die Veränderungen bei vorhandenen bzw. nichtvorhandenen Störungen der endothelialen Funktion lassen eine klare Definition der Stoffwechselwege nicht zu. Dies ist einer späteren Diskussion vorbehalten.

Chronische stabile Angina pectoris

Eine klassische klinische Anwendung von Nitroglycerin und länger wirkenden Nitraten liegt bei der Behandlung der chronischen stabilen Angina pectoris vor. Biologisch wird diese Störung bewirkt durch ein Koronaratherom mit unterschiedlicher Zusammensetzung und mit luminaler Einengung unterschiedlichen Grades, wobei die endotheliale Oberfläche intakt bleibt. Gerade durch den letzteren Faktor unterscheiden sich diese Bedingungen von den instabilen bzw. akuten Koronarsyndromen, bei denen Ulzeration und Thrombose eine wichtige Rolle spielen. Bei obstruktiven Erkrankungen der Koronararterien hängt der Blutfluß im Herzmuskel von folgenden Faktoren ab: dem Aortablutdruck während der Diastole, der Dauer der Diastole, dem systolischen Druckverlust, dem intramyokardialen Widerstand einschließlich der subendokardialen Gefäßkompression und vom Hämatokrit.

In der Arbeit von Brown [4] und anderen wurde nachgewiesen, daß bei etwa 25% der Patienten mit chronischer stabiler Angina pectoris eine bleibende konzentrische Stenose der Koronargefäße vorliegt. Bei 75% der Patienten ist die Stenose also exzentrisch, und es ist ein Bereich mit einem normalen glatten Muskel vorhanden, es besteht somit die Fähigkeit zur Gefäßbewegung. Brown und Mitarbeiter [3] haben anhand einer objektiven Messung des Mindestdurchmessers auch aufgezeigt, daß bei 20 bis 30%iger Zunahme des Gefäßdurchmessers der maximale Durchmesser zwischen 1,5 und 2,5 mm liegt. Größere Gefäße (linke Hauptarterie) reagierten nicht auf die gefäßerweiternde Wirkung der Nitrate, und Kalziumantagonisten sowie Alphablocker hatten nur eine minimale Wirkung. In dieser Arbeit wird auch festgestellt, daß eine etwa 20%ige Erweiterung bei schwachen bis mittleren Stenosen der Koronargefäße, jedoch eine 36%ige Dilatation bei Stenosen, die zwischen 65 und 85% liegen, vorhanden ist. Dies wurde erreicht durch sublinguale Applikation von Nitroglycerin in Dosen von 0,4 mg. Dabei war die Verringerung des Strömungswiderstandes in der Stenose bemerkenswert. Wenn man bedenkt, daß zu den Patienten mit Koronarerkrankungen solche gehören mit konzentrischen Stenosen und solche mit verkalkenden Stenosen, dann wird klar, daß das Hauptpotential für eine durch Nitrat hervorgerufene Gefäßerweiterung durch einen großen Teil dieser Patienten gebildet wird.

Nach klinischen Erfahrungen ist Nitroglycerin ein Mittel gegen myokardiale Ischämie. Allerdings sind die Wirkmechanismen bei Patienten mit chronischer stabiler Angina pectoris jahrelang in der Diskussion gewesen. Vier Faktoren spielen dabei eine Rolle:

- die Verringerung der Nachlast durch Erweiterung der peripheren Arterien,
- Verringerung der Vorlast durch Dilatation der peripheren Venen,

- Veränderung in der Dynamik der Blutbewegung in den stenotischen Bereichen der Koronargefäße entweder durch Gefäßerweiterung oder einfach durch Veränderung der Kräfte und
- Dilatation der kollateralen Koronargefäße, wenn ein beträchtlicher Teil der glatten Gefäßmuskeln entwickelt und vorhanden ist, oder
- eine Kombination aller oder mehrerer dieser Faktoren.

Viele Jahre lang wurde eine Erweiterung der epikardialen Koronargefäße in Frage gestellt, weil die Blutbewegung im Koronarsinus nach Nitroglycerinapplikation nicht anstieg [13]. Man würde jedoch erwarten, daß eine Verringerung der Vorlast und der Nachlast zu einer gleichförmigen transmuralen Verteilung des zur Verfügung stehenden Koronardurchflusses führt, und zwar in den Perioden, in denen ein erhöhter Bedarf besteht – bei körperlicher Bewegung oder bei Verwendung eines Herzschrittmachers –, und somit wird mit der Ausschaltung des Bedarfes nach einem größeren Koronardurchfluß ein höherer myokardialer Wirkungsgrad erreicht. Dieses Problem ist jedoch, für sich genommen, nicht einfach. Die Gefäßbewegung der epikardialen Koronarartierien hängt auch mit der durchfließenden Blutmenge zusammen – ein größerer Durchfluß bewirkt eine epikardiale Gefäßerweiterung. Bei Arteriosklerose, die die Blutbewegung nicht behindert, führt das bloße Vorhandensein von Arteriosklerose trotz der Nitroglycerinwirkung (endothelunabhängige Gefäßerweiterung) zu einer Funktionsstörung in Form einer Gefäßerweiterung der endothelialen Zellen.

Instabile Angina pectoris

Intravenöse Nitroglycerininfusion ist ein wichtiges Element bei der therapeutischen Betreuung von Patienten mit instabiler Angina pectoris. Wie heute allgemein bekannt ist, ist die instabile Angina pectoris durch endotheliale Ulzeration und durch die Entstehung von Thromben innerhalb des Plaques selbst gekennzeichnet und dehnt sich ganz oder teilweise in den Hohlraum der Koronararterie hinein aus [7]. Dabei können Nitrate durch ihre aggregationshemmende Wirkung auf die Thrombozyten einwirken. Sie können ebenfalls dadurch wirksam werden, daß sie in abnormen Bereichen der Gefäßwände zu einer Gefäßerweiterung führen. Häufig führen Ärzte die intravenöse Applikation von Nitroglycerin mehrere Tage lang durch. Dabei ist es möglich, daß sich eine vasoaktive Toleranz gegenüber Nitraten entwickelt. Wenn aber der Thrombus selbst oder Teile der Thrombozyten günstig beeinflußt werden, könnte es zu einem zufriedenstellenden Ergebnis führen, obwohl die Toleranz ebenso vorhanden wäre wie in anderen Situationen.

Wie bereits erwähnt, handelt es sich bei Nitroglycerin um ein endothelunabhängiges Gefäßerweiterungsmittel. Es ist bereits nachgewiesen worden, daß die

Gefäßerweiterung in den Gefäßsegmenten, die frei sind von Endothel, größer sein kann [16]. Ob das auf einen Anstieg des restlichen Gefäßtonus (durch einen Mangel an natürlich vorkommenden EDFR) oder auf eine erhöhte Nitratempfindlichkeit zurückzuführen ist, ist bisher nicht bekannt. Trotzdem handelt es sich hierbei um einen hochinteressanten potentiellen Wirkmechanismus im Zusammenhang mit dem Einsatz von Nitraten bei instabilen Koronarsyndromen, die durch endotheliale Ulzeration gekennzeichnet sind.

Herzinsuffizienz

Als sehr wirkungsvolle gefäßerweiternde Mittel sind Nitrate bei der Behandlung von akuter und chronischer Herzinsuffizienz im Einsatz. Zunächst galt Natriumnitroprussid als wirksam bei der Behandlung von akuten Lungenödemen oder bei schwerer chronischer Herzinsuffizienz in Verbindung mit Blutrückstau [5]. Dabei sind mehrere hämodynamische Wirkmechanismen von Bedeutung. Natriumnitroprussid ist ein wirksames arterioläres Gefäßerweiterungsmittel mit einer geringeren Erweiterungsfunktion in den Venen. Die Verringerung der primären Nachlast führt dazu, daß der diastolische Druck in der Herzkammer sinkt, und läßt eine Anpassung der Mitralklappensegel zu. Bei Patienten mit akutem Lungenödem liegt in vielen Fällen eine unerkannte Mitralinsuffizienz mit Blutrückstrom vor. Daher liegt es nahe, daß diese Erscheinungen auf vaskuläre Veränderungen in den Arteriolen des gesamten Körpers zurückzuführen sind. Kelly und Mitarbeiter [15] haben herausgefunden, daß bei Nitroglycerin eine Verminderung der arteriellen Wellenreflektion dazu führt, daß der Blutdruck in der zentralen Aorta bedeutend abfällt, obwohl der systolische Druck der Arteria brachialis unverändert bleibt. Daher sind Überlegungen über eine auf den peripheren Pulsdaten basierende Nachlast, die den dynamischen Widerstand ignorieren, wahrscheinlich falsch. Im Arteriensystem ändert sich durch die Erweiterung der blutleitenden Gefäße (2–4 mm) nicht der gesamte vaskuläre Widerstand, sehr wohl aber die Stärke der Reflektion.

Bei chronischer Herzinsuffizienz sind die Bedingungen anders gelagert. Veränderungen im Wasserhaushalt des Körpers und in der Wasserverteilung sowie Veränderungen des Kalziums in den glatten Gefäßmuskeln ziehen sich über Tage oder Wochen hin. Die Stimulierung des neurohumoralen Kompensationsmechanismus führt zu einer alphaadrenergischen Aktivierung und zur Produktion von Angiotensin-Renin-Aldosteron. Die normale Steuerung der Gefäßbewegung der den Strömungswiderstand bildenden Gefäße durch die jeweils vor Ort ablaufenden Stoffwechselprozesse geht verloren oder wird abgeschwächt. Die intravaskulären Räume – hauptsächlich die der Venen – vergrößern sich mit der sich ändernden Wandspannung. Im Gegensatz zu den Koronararterien sind die Venen des gesamten Blutkreislaufs und die den Widerstand bildenden Arterien frei von Atherosklerose. Daher sind die Wirkmechanismen der Toleranz wahrscheinlich anders als die, die bei einer chronischen stabilen Angina pectoris bzw. bei instabiler Angina pectoris eine Rolle spielen.

Nitrattoleranz

Die Kriterien für die Entwicklung der Toleranz müssen sowohl nach physiologischen wie nach klinischen Aspekten geprüft werden. Wie bereits ausgeführt, ist die Wirkung von Nitraten auf die glatten Gefäßmuskeln komplexer Natur, wobei es eine Hierarchie der Reaktionen gibt, nach der die Koronararterien und die Venen des gesamten Kreislaufs am empfindlichsten und die Arteriolen am wenigsten empfindlich gegenüber dem direkten gefäßerweiternden Charakter der Nitrate reagieren. Außerdem ist die Gefäßerweiterung bei den Koronararterien am stärksten bei den kleinen und weniger stark bei den großen Koronargefäßen. Die Reaktionsfähigkeit der Gefäße wird auch dadurch bestimmt, ob Arteriosklerose vorliegt oder nicht. Schließlich ist endotheliale Ulzeration die Ursache für eine Reihe weiterer abnormer Befunde, einschließlich der Tatsache, daß es keine EDRF-Produktion und keine Gefäßerweiterung als Reaktion auf Azetylcholin gibt. Endotheliale Ulzeration kann auch zu intramuraler Hämorrhagie und zu intramuraler sowie intralumenaler Thrombose führen.

Die Ergebnisse der klinischen Bewertung von Nitraten und somit Entscheidungen, ob Toleranz vorliegt oder nicht, sind mit den Jahren herausgearbeitet worden, bleiben aber sowohl vom physiologischen wie auch vom klinischen Standpunkt aus unbefriedigend. Die Wirkmechanismen, die der Angina pectoris zugrunde liegen, sind an sich komplex und reichen von der Veränderung des Bedarfes bei konstanter Begrenzung (Arteriosklerose) der Zufuhr über einen hoch labilen vasomotorischen Zustand, wie bei der Prinzmetal-Angina oder bei der instabilen Angina pectoris, bis zu einer Mischform der Ischämie, bei der feste und variable (vasomotorische) Beschränkungen der Blutflußreserve den Schwankungen des Sauerstoffbedarfs gewachsen sein müssen. Das Gemeinsame an der Nitratwirkungsabschwächung scheint das Fehlen der durch Nitrat verursachten Gefäßerweiterung zu sein. Dies könnte jedoch maximal auf den Tonus der Koronar- und übrigen Venen zutreffen, jedoch nicht im gleichen Maße auf den gesamten Gefäßwiderstand und andere Wirkmechanismen.

Es ist unzulässig, Daten von einer klinischen Situation auf eine andere zu extrapolieren. Die Reaktion bei Patienten mit einer durch Anstrengung verursachten Angina pectoris kann also anders sein als bei Patienten, bei denen sie emotional hervorgerufen wurde, oder bei einer Ruheangina, die sich wieder anders darstellt als bei Patienten mit instabiler Angina pectoris und mit Sicherheit ganz anders als bei Patienten mit chronischer Herzinsuffizienz.

Angina pectoris

Bei klinischen Untersuchungen werden eine Verringerung der Anginaausbrüche oder eine Verlängerung der körperlichen Belastung am Ergometer als Kriterien zur Bestimmung der Wirksamkeit gefordert. Beide Ziele sind äußerst schwierig zu kontrollieren und zu bewerten. Selbst bei Patienten mit einer nachgewiesenen schweren Koronargefäßerkrankung kann man die Anginaausbrüche nicht mit absoluter Regelmäßigkeit sehen, und die Dauer der körperlichen Belastung kann unterschiedlich sein. Bei Versuchen mit Plazeboeffekt haben die „run-in"-Untersuchungen (vor Medikation bzw. Plazebo) große Unterschiede hinsichtlich der Toleranz bei körperlicher Belastung gezeigt. Der Holter-Monitor müßte in dieser Hinsicht interessante Informationen liefern, da ischämische Reaktionen etwa vier mal häufiger auftreten als der Ausbruch der symptomatischen Angina pectoris. Gefäßerweiternde oder gefäßverengende Reaktionen – reaktive Hyperämie, Reaktion auf einen „cold-pressure"-Test – könnten weitere Einsichten in die Wirkung von Nitraten und deren Toleranz vermitteln. Doch gegenwärtig erachtet das FDA der USA lediglich günstige Veränderungen bei einer Abnahme der Häufigkeit von Anginaausbrüchen oder eine bedeutende Steigerung der Dauer der körperlichen Belastung als relevante Kriterien.

Bei den meisten Versuchen zur Ermittlung der Wirksamkeit von Nitraten und der Entwicklung der Toleranz waren Patienten mit chronischer stabiler Angina pectoris beteiligt. Parker, Thadani und deren Mitarbeiter [20, 21, 25] schlossen eine Serie von Untersuchungen ab, welche die Nitrattoleranz zweifelsfrei nachwiesen. Nach ein bis zwei Wochen oraler Einnahme von Isosorbid-Dinitrat (viermal täglich), war eine bedeutende Verringerung der Stärke und Dauer der körperlichen Belastung bis zur Angina pectoris zu verzeichnen, und es bestand keine Relation mehr zwischen Dosis und Wirkung. Bei transkutanter Applikation wurde die positive Wirkung bei zwei Stunden Belastung bis zur Angina pectoris auf 24 Stunden herabgesetzt. Bei Patienten, die ein bis zwei Wochen behandelt wurden, war diese Wirkung absolut nicht vorhanden. Eine intravenöse Dauerinfusion führte dazu, daß das anfangs vorhandene Nitrat innerhalb von 24 Stunden abgebaut wurde und daß es am Ende der 24 Stunden zu einer gedämpften Reaktion auf eine zusätzliche einzelne sublinguale Dosis Nitroglycerin kam. Die meisten Autoren stimmen darin überein, daß die Nitrattoleranz fast absolut ist, wenn die hohe Nitratkonzentration 24 Stunden oder länger konstant bleibt. Jedoch bei intermittierender Dosierung mit Mitteln verschiedener Konzentration über einen Zeitraum von 24 Stunden kann die Abschwächung der Nitratwirkung nur partiell auftreten.

Bassan [1] untersuchte eine Gruppe von Patienten mit Belastungsangina, die als Reaktion auf orale ISDN-Applikation erhöhte Belastungszeiten aufwiesen. Die Applikation erfolgte um 8, 13 und 18 Uhr. Die Belastungstests wurden um 8, 9 und 11 Uhr sowie um 13, 14, 16, 18 und 19 Uhr durchgeführt. Die Belastungsdauer wurde nach Isosorbid deutlich verstärkt. Jedoch das Ausmaß dieser Verstärkung ging im Laufe des Tages wieder progressiv zurück. Die maximale Wirkung hielt wahrscheinlich nicht länger als zwei bis drei Stunden an und ging bei jeder folgenden Dosis im Laufe des Tages zurück. Eine konventionelle Applikation von Isosorbid sprach nicht länger als 6 Stunden innerhalb des Zeitraumes von 24 Stunden an. Die Spitzenwirkung wurde nach der zweiten täglichen Dosis gedämpft und nach der dritten deutlich vermindert. In einem Kommentar dazu stellt Marcus die Frage, ob diese Klasse von Medikamenten für die Mehrheit der Patienten mit stabiler Angina pectoris überhaupt die richtige sei. Er schlägt weiterhin vor, daß erst ein Therapieversuch mit einem Nitroglycerin-Pflaster (oder Isosorbid) durchgeführt werden sollte, wenn man den Schmerzverlauf bei dem einzelnen Patienten richtig kennt. Zum Beispiel könnte eine postprandiale Angina entweder mit einem Pflaster oder mit Isosorbid behandelt werden, wenn innerhalb der nächsten zwei Stunden mit einer Angina pectoris zu rechnen ist. Nächtliche Angina pectoris könnte mit einem Pflaster während der Nachtstunden behandelt werden.

Instabile Angina pectoris und akute Koronarsyndrome

Über Untersuchungen zu solchen Fällen gibt es wenig konkrete Informationen. Die Wirkmechanismen sind wahrscheinlich im Hinblick auf Ulzeration und Thrombus sehr unterschiedlich. Flaherty [10] berichtet von einem deutlichen Erfolg bei Patienten mit myokardialem Infarkt, die innerhalb von 10 Stunden nach Einsetzen der Symptome Nitroglycerin bekamen im Vergleich zu Plazebo. Wenn die Nitrate akut wirken – durch welchen Wirkmechanismus auch immer – und wenn durch diese Wirkung die Herzkammerfunktion oder das Adhäsionsvermögen der Thrombozyten vorteilhaft beeinflußt wird, dann wird eine sich später entwickelnde Toleranz gegenüber einer weiteren Infusion nicht festgestellt werden können.

Dekompensierte Herzinsuffizienz

Patienten mit dekompensierter Herzinsuffizienz sind die zweitgrößte Gruppe, die Nitrate bekommen, insbesondere Isosorbid-Dinitrat. Die andauernde Applikation von ISDN mit Hydralazin [6] führt bei einem Plazebovergleich zu einer bedeutenden Verringerung von 20–25% der Sterblichkeit bei Patienten mit chronischer Herzinsuffizienz der Klasse II bis III, auch im Vergleich zu einer Gruppe von Patienten, die Prazosin (ein reines Gefäßerweiterungsmittel) erhielten.

Packer [19] berichtet über die Abschwächung der Depressorwirkung von Nitroglycerin nach 48 Stunden intravenöser Dauerinfusion (6,4 Mikrogramm/kg/min). Die intermittierende Theapie – mit 12 Stunden Unterbrechung – führte nicht zur Abschwächung bzw. zur Erhöhung der Herzfrequenz oder der Plasma-Renin-Aktivität. Bei Patienten, die eine Toleranz entwickeln, führte das N-Azetylsystein zu einer partiellen Verhinderung der Abschwächung. DuPuis und Mitarbeiter [9] gaben 13 Patienten mit dekompensierter Herzinsuffizienz Nitroglycerininfusionen (1,5 Mikrogramm/kg/min). Nach 24 Stunden war der mittlere arterielle Blutdruck auf die Ausgangswerte zurückgekehrt. Der Pulmonalarterienverschlußdruck, der in der ersten Stunde stark abgefallen war, stieg auch wieder zum Kontrollwert hin an, ebenso der Gesamtgefäßwiderstand. Wichtig war die klare Definition der Hämodilution sowie ein Anstieg der Plasma-Renin-Aktivität. Nach einem 24stündigen nitratfreien Intervall gingen die Werte wieder auf die Vergleichswerte von vor der Infusion zurück. N-Azetylzystein hatte keine Wirkung auf die Entwicklung einer Toleranz, die gemessen wurde anhand der mittleren arteriellen Blutdruckänderung des Pulmonalkapillarverschlußdruckes, des Pulmonalarteriendruckes bzw. des Gesamtgefäßwiderstandes. Der rechtsatriale Druck blieb jedoch bei den Patienten, die N-Azetylzystein bekommen haben, verringert. Die Autoren schlossen daraus, daß die hämodynamische Toleranz gegenüber Nitroglycerin viele Faktoren hat.

Packer [18] schlägt vor, daß die Entwicklung der Toleranz gegenüber Nitroglycerin durch folgende Faktoren erklärt werden kann: 1. das Fehlen von sulfhydrylen Kofaktoren, 2. die Aktivierung endogener Gefäßverengungsmechanismen, 3. die Vergrößerung des intravaskulären Volumens.

Als interessante Möglichkeit erscheint der Umstand, daß sich die Toleranz in erster Linie in den Venen und nicht in den Arterien äußert. Das Toleranzphänomen ist durch die sulfhydrylen Kofaktoren reversibel. Die Vergrößerung des intravaskulären Volumens war nicht von einer Zunahme des Körpergewichts begleitet, das durch eine Flüssigkeitsverlagerung aus dem extrazellulären in den intravaskulären Raum entsteht. Packer schließt daraus, daß aufgrund der vorhandenen Indizien mehrere Funktionsmechanismen anzunehmen sind, die die Entwicklung der Nitroglycerin-Toleranz bei dekompensierter Herzinsuffizienz fördern. Der schnelle Anstieg der Plasma-Renin-Aktivität steht im Zusammenhang mit einer neurohormonalen Aktivierung und kann eine Erklärung für die

Feststellung sein, daß die Nitroglycerin-Toleranz durch einen ACE-Hemmstoff modifiziert werden konnte. Die Entwicklung der Nitroglycerin-Toleranz bei Patienten mit chronischer dekompensierter Herzinsuffizienz scheint viele Faktoren zu haben und ist weit komplexer, als man es bisher erwartet hat.

Allgemein übliche Maßnahmen gegen Nitrattoleranz

Die Entwicklung einer solchen Toleranz kann vermieden werden durch entsprechende Dosierungsintervalle, die es dem Blut und dem Gewebe erlauben, ihre Nitratkonzentration dem Nullwert anzunähern [8]. Nitratfreie Intervalle von 8 bis 12 Stunden werden empfohlen – ein Mittel von 10 Stunden ist wahrscheinlich das günstigste. Orale Dosen müssen wegfallen, transkutante Pflaster entfernt und intravenöse Infusionen wahrscheinlich unterbrochen werden. Im letzteren Falle ist eine sorgfältige Überwachung anzuraten. Bei Patienten mit chronischer stabiler Angina pectoris müssen in der klinischen Anamnese die Zeitpunkte definiert sein, bei denen die Wahrscheinlichkeit für eine ischämische Episode am größten ist. Eine Holter-Aufzeichnung könnte herangezogen werden, um eine Bestätigung dafür zu haben. Also wäre für Patienten, bei denen körperliche Aktivität regelmäßig zur Ischämie führt, eine intermittierende Dosierung, die ein relativ langes „ungeschütztes" Intervall einräumt, das richtige. Doch Nitrate sind nicht die einzigen Mittel, die bei der Behandlung von myokardialer Ischämie und chronischer stabiler Angina pectoris sinnvoll sind. Betarezeptoren-Blocker können in Verbindung mit Nitraten und ganz besonders bei Patienten, bei denen das Risiko eines akuten Ausbruchs in einem nitratfreien Intervall relativ groß sein könnte, eingesetzt werden. Ihre Rolle bei der instabilen Angina pectoris dürfte wohl nun neu eingeschätzt werden, da die wesentliche Ursache weder in der Vasomotorik noch im Anstieg des Sauerstoffbedarfs liegt, sondern im Vorhandensein eines Thrombus. Die Bedeutung von N-Azetylzystein bzw. ACE-Hemmern ist momentan nur experimentell bekannt. Eine definitive Antwort gibt es noch nicht.

Trotz des wieder aufkommenden großen Interesses und der starken Bemühungen seitens der Grundlagenforschung sowie der klinischen Forschung, bleiben Wirkungen und Anwendungen von Nitraten ein komplexes Gebiet, bei dem viele Fragen noch unbeantwortet sind. Gilt hier auch der folgende Grundsatz „Je mehr man über ein Phänomen weiß, um so mehr erkennt man, wie unendlich viel man nicht weiß" oder liegt das Problem in der Spezifik der verschiedenen biologischen Wirkungen bzw. der konzeptionellen Fehler, die aus einer unzulässigen Extrapolation aus verschiedenen Experimenten, klinischen Erfahrungen und kontrollierten klinischen Großstudien stammen?

Literatur

[1] Bassan, M. M.: The Antianginal Effect of Long-term 3 Times Daily Administered Isosorbide Dinitrate. JACC. *16* (1990) 936–940.
[2] Bassenge, E., R. Busse: Endothelial modulation of coronary tone. Prog. Cardiovasc. Dis. *30* (1988) 349–380.
[3] Brown, B. G., E. L. Bolson, H. L. Dodge: Dynamic mechanisms in human coronary stenosis. Circ. *70* (1984) 917–922.
[4] Brown, B. G., E. L. Bolson, R. B. Peterson et al.: The mechanism of nitroglycerine action: stenosis vasodilatation as a major component of the drug response. Circ. *64* (1981) 1089–1097.
[5] Chatterjee, K., W. W. Parmley, H. J. C. Swan et al.: Beneficial effects of vasodilators agents in severe mitral regurgitation due to dysfunction of the subvalvar apparatus. Circ. *48* (1973) 684–690.
[6] Cohn, J. N., D. G. Archibald, S. Ziesche et al.: Effect of vasodilator therapy on mortality in chronic congestive heart failure. N. Engl. J. Med. *314* (1986) 1547–1552.
[7] Davies, M. J., A. C. Thomas: Plaque fissuring: The cause of acute myocardial infarction, sudden ischemic death and crescendo angina. Br. Heart J. *53* (1985) 363–373.
[8] DeMonts, H., S. P. Glasser: Intermittent Transdermal Nitroglycerine Therapy in the Treatment of Chronic Stable Angina. JACC. *13* (1989) 786–793.
[9] DuPuis, J., G. Lalonde, R. Lemieux et al.: Tolerance to Intravenous Nitroglycerine in Patients with Congestive Heart Failure: Role of Increased Intravascular Volume, Neurohumoral Activation and Lack of Prevention with N-Acetylcystine JACC. *16* (1990) 923–931.
[10] Flaherty, J. T., P. R. Reid, D. T. Kelly et al.: Intravenous nitroglycerine in acute myocardial infarction. Circ. *51* (1975) 32–37.
[11] Fung, H. L., S. Chong, E. Kowaluk et al.: Mechanisms for the pharmacological interaction of organic nitrates with thiols. Existence of an extracellular pathway for the reversal of nitrate vascular tolerance by N-acetylcysteine. J. Pharm. Exp. Therap. *245* (1988) 524–530.
[12] Furchgott R. F., J. V. Zawadzki: The obligatory role of endothelial cells in the relaxation of arterial smooth muscle by acetylcholine. Nature *288* (1980) 373–376.
[13] Ganz, W., H. S. Marcus: Failure of intracoronary nitroglycerine to alleviate pacing induced angina. Circ. *46* (1972) 880–885.
[14] Ignarro, L. J., H. Lippton, J. C. Edwards et al.: Mechanism of smooth muscle relaxation by organic nitrates, nitrites, nitroprusside, and nitric oxide: evidence for the involvement of S-nitrosothiols as active intermediates. J. Pharmacol. Exp. Ther. *218* (1981) 739–749.
[15] Kelly, R. P., H. Gibbs, M. F. O'Rourke et al.: Nitroglycerine has more favorable effects on the left ventricular afterload than arrant from measurement of pressure in a peripheral artery. Eur. Heart J. *11* (1990) 138–144.

[16] Nabel, E. G., A. P. Selwyn, P. Ganz: Large Coronary Arteries in Humans are Responsive to Changing Blood Flow: An Endothelium Dependent Mechanism That Fails in Patients With Atherosclerosis. JACC. *16* (1990) 349 – 356.

[17] Needleman, P., E. M. Johnson: Mechanism of tolerance development to organic nitrates. J. Pharmacol. Exp. Ther. *184* (1973) 709 – 715.

[18] Packer, M.: What Causes Tolerance to Nitroglycerine?: The Hundred year old Mystery Continues. JACC. *16* (1990) 932 – 935.

[19] Packer, M., W. H. Lee, P. D. Kessler et al.: Prevention and reversal of nitrate tolerence in patients with congestive heart failure. N. Eng. J. Med. *317* (1987) 799 – 805.

[20] Parker, J. O., B. Farrell, K. A. Lahey et al.: Nitrate Tolerance – the Lack of Effect of N-Acetylcystine. Circ. (1987) 78 – 572.

[21] Parker, J. O., H. L. Fung, D. Ruggirello et al.: Tolerance to Isosorbide Dinitrate: Rate of Development and Reversal. Circ. 68 (1983) 1074 – 1080.

[22] Pohl, U., R. Busse: Endothelium-derived relaxing factor inhibits the effects of nitro-compounds in isolated arteries. Am. J. Physiol. 252 (1987) 307 – 313.

[23] Stewart, D. D.: Remarkable Tolerance to Nitroglycerine. Philadelphia Pollard Clinic 172 (1988).

[24] Stewart, D. J., D. Elsner, O. Sommer et al.: Altered spectrum of nitroglycerine action in long term treatment: nitroglycerine-specific tolerance with mantainance of arterial vasodepressor potency. Civc. *74* (1986) 573 – 582.

[25] Thadani, U., S. F. Hamilton, E. Olsen et al.: Transdermal Nitroglycerine Patches in Angina Pectoris: Dose Titration, Duration of Effect, and Rapid Tolerance. Ann. Internal Medicine (1986) 105 – 485.

Neue pharmakologische Konzepte zum Wirkmechanismus der organischen Nitroverbindungen

E. Noack

Organische Nitrovasodilatatoren sind nach wie vor die Basistherapeutika für die Behandlung der Koronaren Herzkrankheit. Darüber hinaus finden sie aufgrund ihres besonders ausgeprägten Effektes auf die kapazitiven Widerstandsgefäße beim akuten Lungenödem, zur akuten Senkung eines pathologisch erhöhten arteriellen Drucks und bei der Herzinsuffizienz breite Anwendung.

Obgleich bestimmte Verbindungen wie das flüchtige Amylnitrit oder das Glyzeroltrinitrat („Nitroglycerin") schon im vergangenen Jahrhundert regelmäßige therapeutische Anwendung fanden und damit zu den ältesten Vertretern unseres Arzneischatzes überhaupt gehören, war über ihren exakten Wirkungsmechanismus auf molekularer Ebene bis vor wenigen Jahren wenig Konkretes bekannt. Durch zwei Entwicklungen hat sich jedoch die Situation grundlegend geändert. Zum einen kam es zu raschem Erkenntnisgewinn infolge erheblicher Belebung der wissenschaftlichen Grundlagenforschung, als man erkannte, daß das Gefäßendothel eine bedeutende Rolle für die Regulation der lokalen Gefäßweite hat und daß dabei radikalisches Stickstoffmonoxid, NO, möglicherweise in dem Konzert von vasorelaxierenden und – dilatierenden Substanzen einen bedeutenden Stellenwert einnimmt. Bahnbrechend waren in diesem Zusammenhang experimentelle Arbeiten von Robert Furchgott an isolierten Gefäßen. So fanden Furchgott und Zawadsky im Jahre 1980 an Gefäßabschnitten der menschlichen A. mammaria interna (Abb. 1), daß Acetylcholin konzentrationsabhängig nur solange zu einer Vasorelaxation führt wie intaktes Endothel vorhanden ist [6]. Daraus zogen die Untersucher den Schluß, daß durch den Einfluß von Acetylcholin im Endothel die Synthese und Freisetzung eines Stoffes in Gang gesetzt wird, der in der Lage ist, die glatte Gefäßmuskulatur zu relaxieren. Man taufte diesen Stoff „Endothelium-derived relaxing factor", EDRF, und benötigte noch mehrere Jahre, um die Identität dieses sehr kurzlebigen Stoffes zweifelsfrei zu klären.

Der zweite wesentliche Fortschritt wurde erreicht, als es im Jahre 1987 gelang, analytische Verfahren ausfindig zu machen, die es gestatteten, Stickstoffmonoxid,

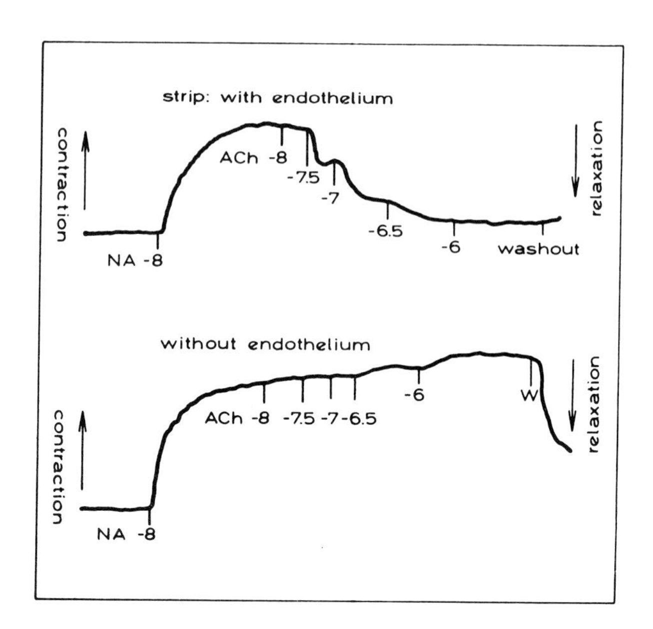

Abb. 1 Isolierte Gefäßstreifen der Rattenaorta wurden vor (oberer Abbildungsteil) und nach mechanischer Entfernung des Epithels (unterer Abbildungsteil) mit 10 nM Noradrenalin vorkontrahiert. Die anschließende Zugabe steigender Konzentration von Acetylcholin (10 nM bis 1 μM) bewirkte ein sehr unterschiedliches Vasorelaxationsverhalten (modifiz. nach Lit. [6]).

NO, noch in den physiologisch sehr geringen Konzentrationen quantitativ zu messen. Kurz hintereinander waren die Arbeitsgruppe um Moncada [21] und meine Arbeitsgruppe [2, 3] in dieser Hinsicht durch Anwendung sehr verschiedener analytischer Methoden erfolgreich. Während sich bei Moncada die Chemilumineszenz als empfindliche, aber auch zugleich technisch aufwendige Methode bewährte, adaptierten wir ein spektrofotometrisches Verfahren, das sich der durch NO bedingten Umwandlung von Oxy-Hämoglobin zu Met-Hb bedient. Die zuletzt genannte Methode besaß vor allen Dingen den Vorteil der hohen Spezifität und es war damit erstmals möglich, kontinuierliche Messungen durchzuführen. Auf diese Weise gelang es, auf unterschiedlichen technischen Wegen die schon jahrelang vermutete Hypothese zu bestätigen, daß das aus dem Gefäßendothel freigesetzte EDRF mit Stickstoffoxid, NO, identisch ist.

NO ist ein farbloses Gas mit einer hohen Lipidlöslichkeit. Diese ermöglicht der Verbindung eine rasche Penetration vom Endothel aus nach luminal in das fließende Blut hinein und nach abluminal in die Gefäßwand zu den glatten

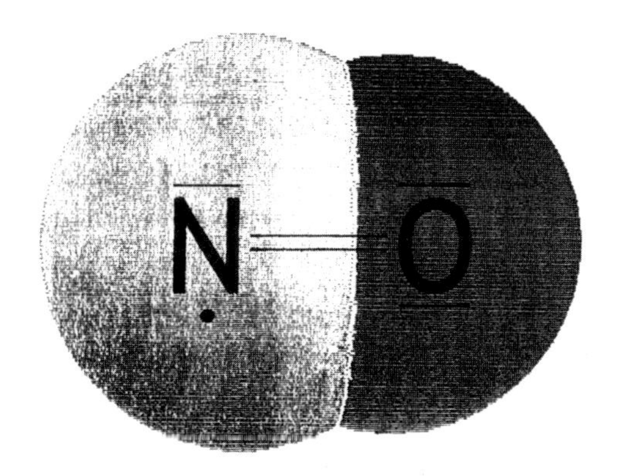

Abb. 2 Räumliche Struktur von radikalischem Stickstoffmonoxid, NO. Beachtenswert ist die ungerade Anzahl von 11 Elektronen.

Muskelzellen hin. Die nächste Abbildung (Abb. 2) zeigt das Molekül, in dem das Stickstoff- und Sauerstoffatom räumlich eng miteinander verbunden sind. NO enthält eine ungerade Anzahl von Elektronen, was es chemisch besonders reaktiv macht. In sauerstoffhaltigen Lösungen verschwindet es rasch, d. h. innerhalb weniger Sekunden, unter Bildung von Nitrit- und Nitratanionen. Bereits im nanomolaren Bereich wirkt es besonders auf arterielle Gefäße relaxierend und verhindert die Thrombozytenadhäsion und -aggregation.

Obgleich die organischen Nitroverbindungen in ihrer chemischen Struktur sehr untereinander differieren, besitzen sie dennoch eine Gemeinsamkeit in Form eines oxidierten Stickstoffanteils. Dieser ist Ausgangspunkt für unterschiedliche Bioaktivierungsreaktionen, an deren Ende interessanterweise uniform die Bildung von radikalischem NO steht. Allerdings ist die Geschwindigkeit, mit der aus den einzelnen organischen Nitroverbindungen wie ISDN, Nitroglycerin oder Molsidomin NO gebildet wird, sehr unterschiedlich. In den Untersuchungen der vergangenen Jahre ist eindeutig belegt worden, daß NO in der glatten Muskelzelle der eigentliche Aktivator des Schlüsselenzyms für die Relaxation ist, der im Zytosol gelösten Guanylatzyklase. Damit ist es Initiator für die Relaxation und Tonusabnahme des Gefäßes (Abb. 3). Durch Aktivierung der Guanylatzyklase kommt es zur vermehrten Bildung von zyklischem GMP aus Guanosintriphosphat, GTP. Die Menge an entstehendem cGMP korreliert direkt mit der jeweils verfügbaren NO-Konzentration. Auch wenn NO in reaktiven Zwischenverbin-

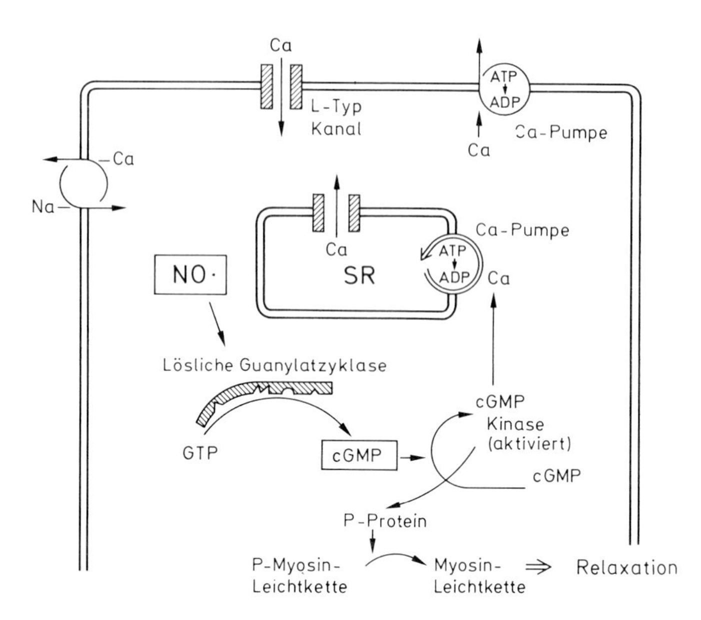

Abb. 3 Schematische Darstellung einer glatten Gefäßmuskelzelle mit den molekularen Mechanismen, mit denen NO über die Aktivierung der löslichen Guanylatzyklase aus derzeitiger Sicht in den zellulären Kalzium-Haushalt eingreift bzw. den Gefäßtonus herabsetzt. Weitere Einzelheiten siehe Text.

Organische Nitrate	EC_{50} (mM)	NO-Release µM/min
GTN	0,069	0,050
IMDN	0,200	0,045
IIDN	0,242	0,047
ISDN	0,280	0,046
IS-2-N	0,750	0,047
IS-5-N	1,050	0,045

Abb. 4 Konzentrationen Organischer Nitrate, die zur halbmaximalen Aktivierung der löslichen Guanylatzyklase führen, setzen stets die gleiche Menge NO pro Zeiteinheit frei.

GTN = Glyzeroltrinitrat, IMDN = Isomannid-dinitrat, IIDN = Isoidid-dinitrat, ISDN = Isosorbid-dinitrat, IS-2-N = Isosorbid-2-mononitrat, IS-5-N = Isosorbid-5-mononitrat

dungen wie den sogen. Nitrosothiolen temporär zwischengespeichert wird, was unter in vivo-Bedingungen durchaus denkbar ist, bleibt es doch stets dem NO-Molekül selbst vorbehalten, die Enzymaktivierung endgültig zu katalysieren. Dafür sprechen auch unsere in vitro-Versuche mit isolierter Guanylatzyklase [2]. Wenn wir experimentelle Bedingungen wählten, unter denen alle getesteten Nitrovasodilatatoren das Enzym Guanylatzyklase gerade halbmaximal aktivierten, dann konnten wir mit unserer direkten NO-Meßmethode zeigen, daß die pro Zeiteinheit freigesetzte NO-Menge jeweils identisch ist (Abb. 4), sich also unabhängig von der chemischen Konstitution der NO-haltigen Verbindung verhält.

Unter in vivo-Bedingungen beschleunigt das gebildete cGMP als eine Art Second Messenger eine Reihe von Phosphorylierungsvorgängen in der Muskelzelle, an deren Ende die Relaxation der glatten Muskulatur steht. Über welche molekularen Mechanismen cGMP die cytosolische Ca^{2+}-Konzentration vermindert und damit eine Relaxation auslöst, ist unklar. Eine der Teilreaktionen könnte die beschleunigte Rückspeicherung von intrazellulär freigesetztem Kalzium ins sarkoplasmatische Retikulum betreffen. Es ist bekannt, daß Phospholamban ein zelluläres Regulatorprotein ist, das durch zyklische Nukleotide phosphoryliert wird. Es kommt auch in der Gefäßmuskelzelle vor. Kürzlich zeigten Karczewski et al. [7] an isolierten Segmenten der Rattenaorta, daß sowohl NO (100 μM) als auch ATP (50 μM) zu einer Steigerung der Phosphorylierung von Phospholamban in der intakten Gefäßwand führt, deren Ausmaß mit der gemessenen Gefäßrelaxation parallel ging. Möglicherweise wurde in dieser, von NO beeinflußten Ca^{2+}-Rückspeicherungsreaktion ein entscheidender Mechanismus für die gefäßerweiternde Wirkung von EDRF bzw. NO und damit der organischen Nitrovasodilatatoren entdeckt. Sie könnte auch erklären, warum organische Nitroverbindungen in auffälliger Weise die Dehnbarkeit (Compliance) der großen Arterien verbessert.

Wie schon angedeutet, wird NO als biologisch wirksames Prinzip aus den therapeutisch angewendeten organischen Nitroverbindungen mit unterschiedlicher Geschwindigkeit freigesetzt. Dabei haben bei den dazu erforderlichen Bioaktivierungsvorgängen ebenso unterschiedliche biochemische und chemische Mechanismen eine steuernde Funktion. Die jeweils im Vordergrund stehende Reaktion hängt also von der chemischen Natur des Pharmakon ab. Wenn wir uns beispielsweise in diesem Zusammenhang die klassischen Organischen Nitrate wie das Nitroglycerin näher anschauen, so zeigt sich, daß deren Metabolismus zu NO sowohl einen enzymatischen als auch einen nicht-enzymatischen Abbauweg beinhalten kann.

Grundsätzlich gilt, daß die Verbindungen erst einmal in intakter Form in die glatte Muskelzelle hineingelangen müssen, bevor sie dort einem Abbau unterlie-

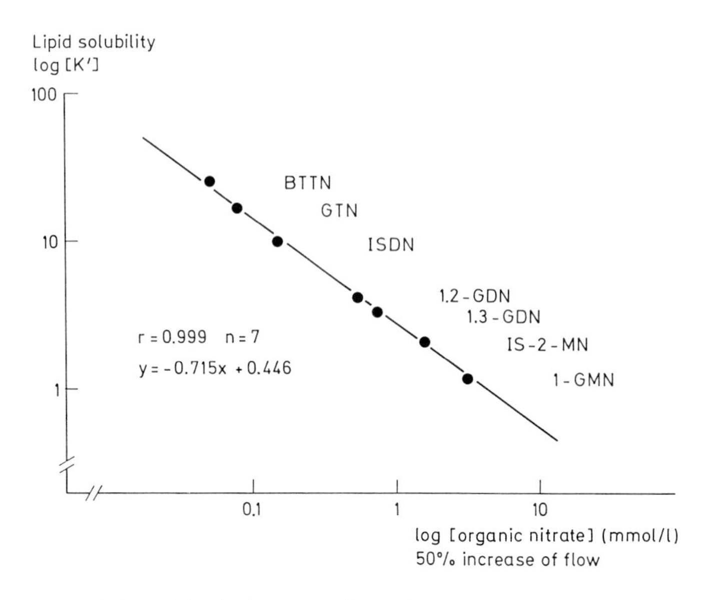

Abb. 5 Doppelt logarithmische Darstellung der Beziehung zwischen der Lipophilie und den Konzentrationen organischer Nitroverbindungen, die den koronaren Fluß isoliert schlagender Meerschweinchenherzen um 50% steigern.
BTTN = 1,2,4-Butantriol-trinitrat, 1,2-GDN = 1,2-Glyzerindinitrat, 1-GMN = 1-Glyzerinmononitrat; vergl. auch Abb. 4.

gen können, denn die Reichweite der NO-Wirkung ist, wegen dessen großer chemischen Instabilität und der besonderen Reaktionsbereitschaft, gering. Eigene Untersuchungen über Struktur-Wirkungsbeziehungen am isoliert perfundierten Langendorff-Herzen [12] haben ergeben, daß das Ausmaß der gefäßrelaxierenden Wirkung in direkter Weise mit der Lipophilie der einzelnen organischen Nitrate korreliert (Abb. 5). Dies ist eine Erklärung dafür, daß therapeutisch auf molarer Basis Glyzeroltrinitrat wesentlich wirksamer ist als Isosorbiddinitrat (ISDN) und dieses wiederum wirksamer als Isosorbid-5-Mononitrat. Durch alleinige Erhöhung der Fettlöslichkeit eines Nitrats kann also bereits dessen Wirksamkeit entsprechend erhöht werden.

Zusätzlich modulierend wirkt allerdings bei den ringhaltigen Verbindungen die sterische Konfiguration, genauer gesagt, die räumliche Anordnung der Nitratestergruppen in Endo- bzw. Exo-Stellung. Dabei wird die Penetration durch eine exo-ständige Nitrogruppe begünstigt, weil sie durch ihre gestreckte Form bei Durchtritt durch die Zellmembran räumlich weniger Widerstand entgegensetzt.

KC 116

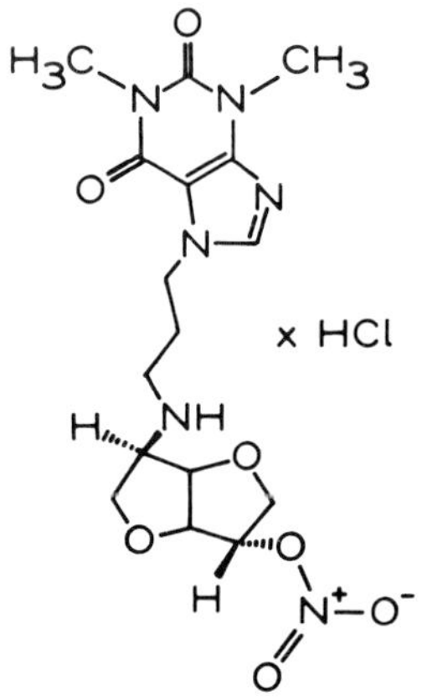

x HCl

Abb. 6 Strukturformel von Teopranitol (KC 116).

Gleichzeitig ist die Verbindung wirksamer als das Isomer mit endo-ständiger Nitrogruppe. Das gilt sowohl für die beiden Mononitrate des Isosorbids als auch für das Teopranitol, einer symbiontischen Substanz (Abb. 6), einem in 2-Position mit einem Theophyllinderivat substituierten Isosorbid-5-mononitrat, das auf diese Weise gleich vier Stereoisomere bildet (2-exo/5-exo = KC 046; 2-endo/5-exo = K 116; 2-exo/5-endo = KC 144 und 2-endo/5-endo = KC 146). Eigene Untersuchungen bestätigen die zu erwartende unterschiedliche Gefäßwirksamkeit anhand, der durch die vier Teopranitol-Isomere bewirkten Steigerung des koronaren Flusses am isoliert perfundierten Langendorff Herzen (Abb. 7). Danach bewirken die beiden Isomere mit der in 5-Position exo-ständigen Nitratgruppe die signifikant stärkste Gefäßrelaxation (2-endo/5-exo bzw. 2-exo/5-exo), während sich alle untersuchten Stereoisomere in der Freisetzungsrate für NO und im Ausmaß der Enzymaktivierung nur unwesentlich unterscheiden.

Bei der Bioaktivierung der Organischen Nitrate dürften in der glatten Muskelzelle enzymatische und rein chemische Abbauwege miteinander konkurrieren. Insbesondere bei niedrigen Wirkstoffkonzentrationen dürfte enzymatischen Abbauprozessen die größere Bedeutung zukommen. Der diesbezüglich am besten untersuchte Prozeß betrifft den katalytischen Abbau durch die Glutathion-S-Transferase. Endprodukt sind hierbei vorwiegend Nitritanionen. Eigene Untersuchungen zeigen, daß dabei NO in so niedrigen Konzentrationen gebildet wird, daß

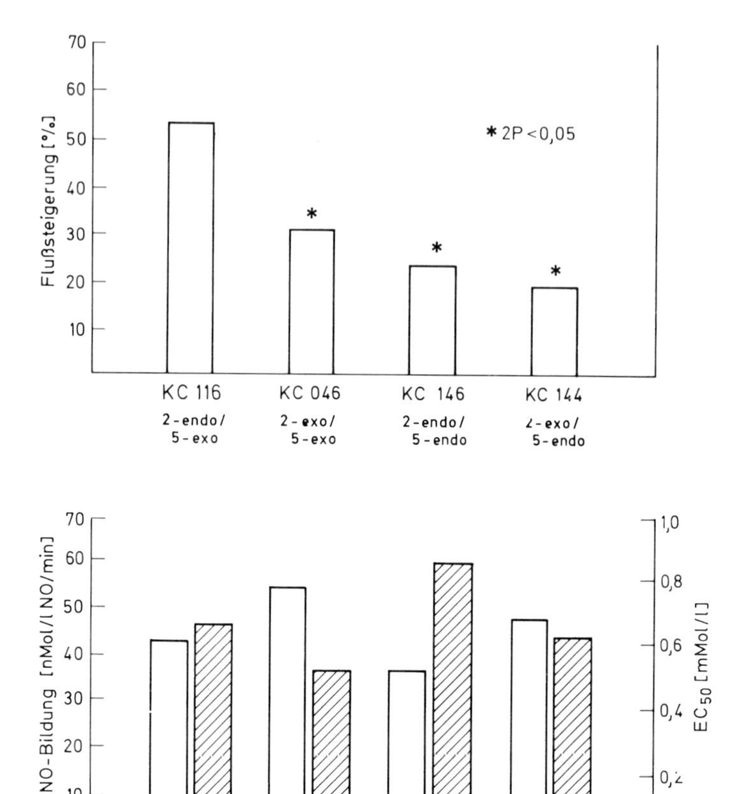

Abb. 7 Prozentuale Steigerung des koronaren Flusses durch vier stereoisomere Formen des Teopranitol am isoliert perfundierten Meerschweinchenherzen nach Langendorff (oberer Abbildungsteil). Beziehung zwischen der NO-Freisetzung aus den vier Teopranitol-Stereoisomeren und der halbmaximalen Aktivierung löslicher Guanylatzyklase (EC_{50}-Werte).

eine Stimulation der Guanylatzyklase mit großer Wahrscheinlichkeit auszuschließen ist. Damit stellt diese Reaktion, soweit es den Nitratabbau zu biologisch wirksamen Substanzen anbetrifft, eine Sackgasse dar, die lediglich Pharmakon vergeudet. Neuerdings wurden dagegen andere enzymatische Stoffwechselwege aufgefunden, die durchaus eine pharmakologische Bedeutung haben könnten. So beschrieben Servent u. Mit. [20] kürzlich die Bildung einer Komplexverbindung aus NO und Cytochrom, wenn Glyzeroltrinitrat mit Rattenlebermikrosomen inkubiert wurde. Der Bildung ging eine NADPH-abhängige Denitrierung voraus. Inwieweit derartige Enzymsysteme auch in der glatten Muskelzelle anzutreffen sind, muß jedoch erst noch geklärt werden.

Andererseits werden Organische Nitrate bereits in vitro mit hoher Geschwindigkeit abgebaut, wenn gleichzeitig ganz bestimmte thiolhaltige Verbindungen wie Cystein oder Acetylcystein anwesend sind. Dabei entstehen neben NO auch Nitritanionen im Verhältnis von etwa 1:14 und in sehr geringem Umfang auch Nitratanionen (Abb. 8). Die Reaktion verläuft umso rascher je alkalischer das Milieu ist, da sich mit steigendem pH aus dem undissoziierten Thiol freie Thiolatanionen bilden, die offensichtlich für die Einleitung des Bioaktivierungsprozesses essentiell sind. Offensichtlich entsteht bei der Interaktion von Cystein und organischem Nitrat eine reaktive Zwischenverbindung, aus der dann als Reaktionsprodukte sowohl biologisch aktives NO als auch unwirksames Nitrit gebildet werden. Bei der Reaktion dürfte das nukleophile Thiolatanion mit dem Stickstoffatom des Organischen Nitrats in der Weise reagieren, daß es durch Umesterung zur Bildung eines Thiolatesters kommt (Abb. 9). Letzterer, ein in wässriger Lösung sehr instabiler Thioester, könnte nach Reduktion rasch zu NO und Nitrit degradieren. Es ist möglich, daß dabei ein Teil des entstehenden NO temporär durch Cystein in Form eines Nitrosothiols stabilisiert wird.

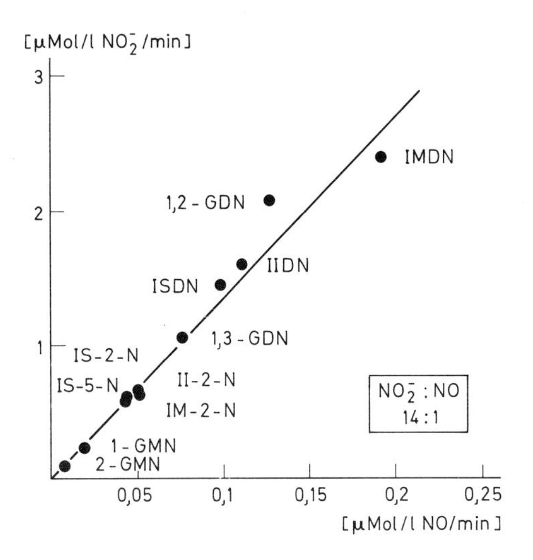

Abb. 8 Korrelation zwischen der NO- und Nitritbildung aus Organischen Nitraten in vitro in Gegenwart von 5 mM Cystein. Abk. siehe Abb. 4 und 5.

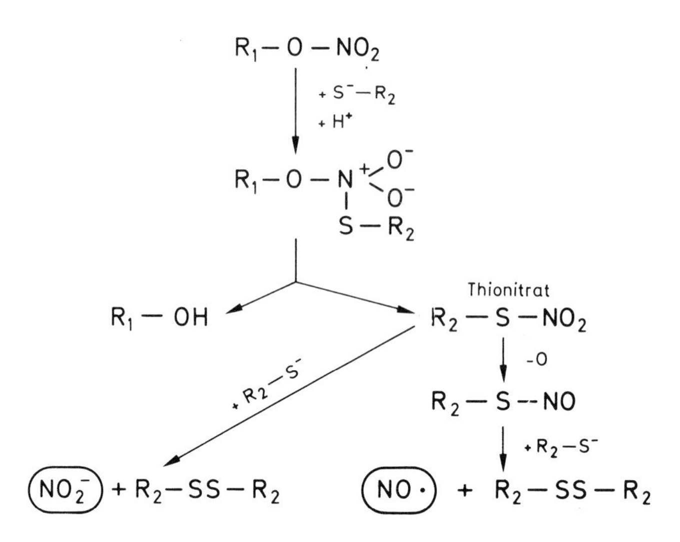

Abb. 9 Molekulare Vorgänge, die zur Bildung von NO und Nitrit aus Organischen Nitraten führen. Einzelheiten siehe Text.

Interessant ist in diesem Zusammenhang, daß NO eine hohe Affinität zu unterschiedlichen Metallkomplexen wie z. B. der eisenhaltigen Hämgruppe des Oxy-Hämoglobins oder der Guanylatzyklase hat. So konnte eine russische Forschergruppe zeigen, daß Glyzeroltrinitrat in vivo unter Freisetzung von radikalischem NO abgebaut wird, das dann mit Eisen und Hämoglobin enthaltenden Proteinen zu Nitrosyl-Protein-Komplexen reagiert [8]. Eine vergleichbare Interaktion könnte zwischen Organischen Nitraten und der Guanylatzyklase selbst stattfinden. In diesem Fall würde dem Enzym selbst eine aktive Rolle bei der Metabolisierung bzw. Bioaktivierung der verschiedenen Nitrovasodilatatoren zukommen. Tatsächlich befinden sich in der Nähe des aktiven Zentrums der Guanylatzyklase, also im Bereich des Hämanteils, mehrere Cysteinmoleküle, die durchaus eine ähnliche Bioaktivierungsfunktion haben könnten, wie ich dies für den chemischen Abbau in wässriger Lösung in Gegenwart von Cystein geschildert habe. Damit wäre die Guanylatzyklase zumindest theoretisch in der Lage, sich aktiv an der Bioaktivierung der organischen Nitrate zu beteiligen.

Da sowohl der enzymatische als auch der nicht-enzymatische Abbau der organischen Nitrate essentiell von der Verfügbarkeit bestimmter Thiolverbindungen abhängt, ist es leicht erklärlich, daß eine Erschöpfung insbesondere des Cysteinpools eine Hemmung der Bioaktivierung nach sich zieht, so wie dies in mehreren Untersuchungen gezeigt worden ist. Das klinische Korrelat dieser sich intrazellulär abspielenden Veränderungen ist die sogen. Nitrat-Toleranz, die auf Dauer nur durch die konsequente Einhaltung bestimmter Therapierichtlinien vermieden werden kann. Bemerkenswerterweise setzen Amylnitrit, Nitrosothiole oder Nitroprussidnatrium NO in nennenswerten Mengen auch in Abwesenheit von Cystein frei und führen daher an isolierten Gefäßen nicht zu Gewöhnungserscheinungen [15]. Damit spricht vieles dafür, daß Veränderungen im Thiolgehalt der glatten Muskelzelle eine Nitrat-Toleranz begünstigen oder deren wesentliche Ursache sind [13].

In diesem Zusammenhang ist es erwähnenswert, daß kleine koronare Widerstandsgefäße mit Durchmessern <100 µm auf Nitroglycerin-Gabe im Gegensatz zu größeren Koronararterien nicht mit einer Vasodilatation reagieren. Sellke u. Mit. (1990) zeigten kürzlich, daß dies darauf beruhen dürfte, daß den kleinen Gefäßen die Voraussetzungen fehlen, um Nitroglycerin in seine aktiven Metabolite zu überführen. Möglicherweise steht in diesem Gefäßtyp das notwendige Reservoir an SH-haltigen Verbindungen nicht zur Verfügung, das für die Bioaktivierung notwendig ist. Diese Vermutung bestätigen indirekt auch Untersuchungen von Kurz [9] an Hundeherzen in situ, in denen exogen zugefügtes L-Cystein (100 µM) unter dem Einfluß von 10 µM Nitroglycerin auch eine Relaxation koronarer Arteriolen mit einem Durchmesser unterhalb von 100 µm hervorrief. Auch die Aktivität der Guanylatzyklase menschlicher Thrombozyten wird nur bei gleichzeitiger Anwesenheit von Cystein durch Nitroglycerin aktiviert [16]. Alle diese Untersuchungen unterstreichen damit unsere in vitro-Befunde, nach denen die Bioaktivierung der organischen Nitrate wie Nitroglycerin die Interaktion mit speziellen SH-haltigen Verbindungen, vorzugsweise Cystein, unabdingbar voraussetzt.

Einen deutlich anderen Bioaktivierungsweg besitzt die neue Verbindungsklasse der Furoxane, die bei der konsequenten Weiterentwicklung der Sydnonimine entdeckt worden ist. Es handelt sich um NO-haltige symmetrische Verbindungen, die am isoliert perfundierten Herzen und im Ganztierversuch eine starke gefäßerweiternde Wirkung hervorrufen. Während bei einigen Vertretern die Freisetzung von NO völlig unabhängig ist von der gleichzeitigen Anwesenheit thiolhaltiger Verbindungen, wird die Aktivität anderer hierdurch um den Faktor 10 und höher beschleunigt. Die folgende Abbildung (Abb. 10) zeigt beispielhaft das Verhalten von drei derartigen Furoxanderivaten. Es ist in diesem Zusammenhang erwähnenswert, daß die Art der thiolhaltigen Verbindung für den Bioaktivierungsvorgang ohne jegliche Bedeutung ist. Im Unterschied zu den klassischen Organischen Nitraten kommt es in diesem Fall also nur auf die Bereitstellung der SH-Gruppe an. Da Thiole grundsätzlich im Organismus weit verbreitet sind, dürfte damit die Gefahr einer Gewöhnung gering oder gar nicht vorhanden sein.

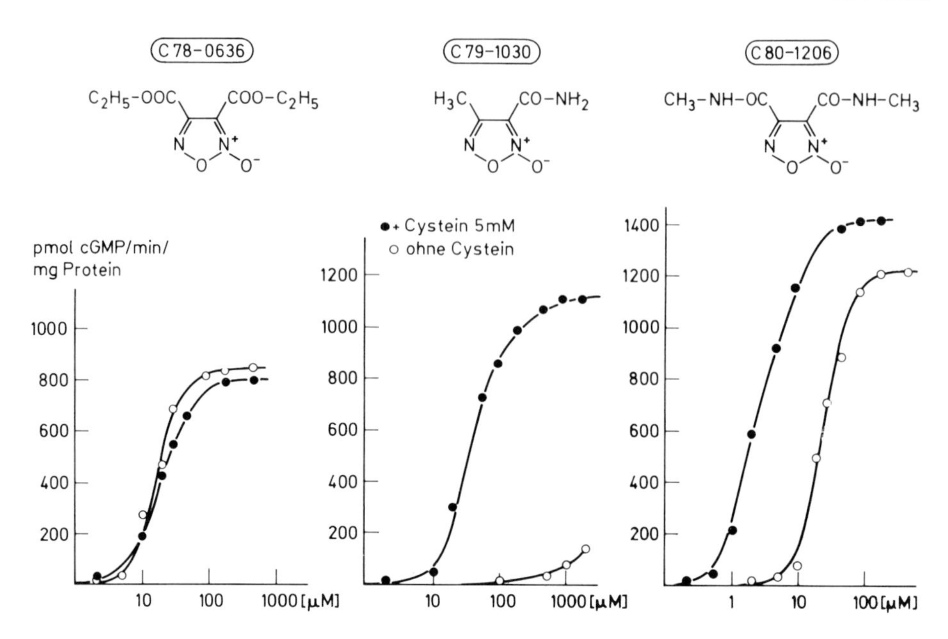

Abb. 10 Aktivierung löslicher, ungereinigter Guanylatzyklase durch unterschiedliche Furoxanderivate in Abwesenheit und Gegenwart von 5 mM Cystein.

Dies trifft sinngemäß auch für die Sydnonimine zu, von denen Molsidomin das bekannteste ist. In den letzten beiden Jahren konnte der komplizierte Bioaktivierungsweg dieser Verbindungsklasse in den wichtigsten Schritten aufgeklärt werden [1, 4, 14]. Die folgende Abbildung (Abb. 11) zeigt den Biotransformationsweg, wobei die NO-Freisetzung aus dem ringoffenen SIN-1A-Derivat für die pharmakologische Wirkung der entscheidende Schritt ist. Wie wir neuerdings wissen, ist hierfür die Anwesenheit von Sauerstoff unbedingte Voraussetzung. Da auch andere Oxidantien den Bioaktivierungsvorgang beschleunigen, läßt sich die Aussage machen, daß ein oxidativer Prozeß für den Abbau von SIN-1A erforderlich ist (Abb. 11), der durch die Oxidation des Stickstoffatoms im Morpholinring eingeleitet wird. Allerdings reichen bereits sehr geringe Sauerstoffpartialdrücke für die Abspaltung von NO aus, so daß auch in vivo, selbst in ischämischen Gewebsbezirken eine therapeutisch ausreichende Bereitstellung von NO gewährleistet sein dürfte. Andererseits zeigen unsere Experimente, daß die Bildung anderer, pharmakologisch inaktiver Reaktionsprodukte, wie diejenige von Nitrit und Nitrat, z. T. sehr stark vom Sauerstoffgehalt des umgebenden Milieus beeinflußt wird (Abb. 12).

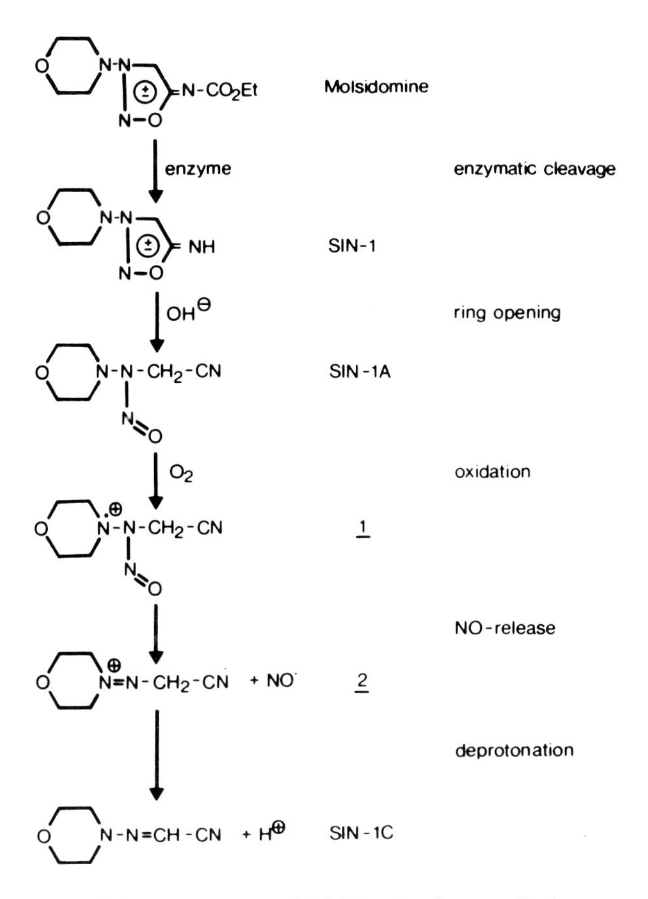

Abb. 11 Bioaktivierungsweg von Molsidomin, der zur Freisetzung von radikalischem NO als eigentlich pharmakologisch aktiver Substanz führt.

Zusammenfassend läßt sich feststellen, daß alle therapeutisch angewendeten Nitrovasodilatatoren Prodrugs darstellen, aus denen intrazellulär auf sehr unterschiedliche Art und Weise NO für die Aktivierung der Guanylatzyklase freigesetzt wird. Dabei werden auch, wie bei den Sydnoniminen gezeigt wurde, oxidative Wege beschritten, die denjenigen bei der physiologischen, enzymvermittelten Bildung von NO aus L-Arginin sehr ähnlich sind [11]. Stets ist das radikalische NO die eigentliche biologisch aktive Verbindung, während die Bildung von Nitrit oder Nitrat entweder über Folgereaktionen wie die Oxidation von NO oder über Nebenreaktionen erfolgt, wobei beide keinerlei Bedeutung

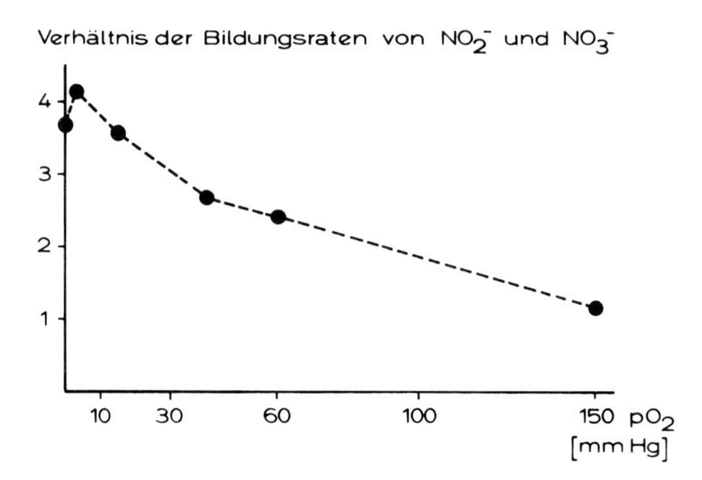

Abb. 12 Einfluß des Sauerstoffpartialdrucks in vitro auf die Bildungsgeschwindigkeit von Nitrit- und Nitratanionen aus SIN-1, dem Hauptmetaboliten von Molsidomin. Geringste Mengen von Sauerstoff reichen aus, um eine nennenswerte Nitritbildung zu gewährleisten.

für die pharmakologische Wirkung haben, obwohl beide Anionen in Abhängigkeit von der chemischen Natur des Nitrovasodilatators in relativ hohen Konzentrationen angetroffen werden. Wir glauben daher, daß in der besonderen Abhängigkeit der Bioaktivierung der Organischen Nitrate von der Anwesenheit bestimmter thiolhaltiger Verbindungen die Erklärung dafür zu suchen ist, daß sie eine ausgeprägte Neigung haben, bei dauerhafter Anwendung Gewöhnungseffekte auszubilden.

Die bisher bekannten Nitrovasodilatatoren, die in der Regel eher zufällig entdeckt wurden, stellen sicherlich noch nicht den Stein des Weisen dar. Nachdem wir aber jetzt die molekularen Vorgänge bei der Bioaktivierung besser verstehen, lohnt es sicherlich, nach neuartigen Verbindungen Ausschau zu halten, die sich mehr an der physiologischen NO-Generierung orientieren. Vorstellbar wären beispielsweise Arginin- oder Nitrato-Cysteinderivate [22]. Darüber hinaus erscheinen die Organischen Nitrate klinisch in ganz neuem Licht, was ihre mögliche Rolle bei der Abwendung ischämischer Gewebeschäden angeht [16]. NO besitzt nämlich eine besondere Affinität zu Sauerstoffradikalen, da es mit ihnen rasch über die Bildung von Peroxynitriten zu Nitraten reagiert. Auf diese Weise könnten Nitrovasodilatatoren neben ihrer indirekten herzentlastenden Wirkung eine direkte Schutzwirkung bei Ischämie und Reperfusion haben, deren praktische Bedeutung zur Zeit noch nicht ausreichend untersucht und damit nicht vorhersehbar ist. So haben die zahlreichen Aktivitäten im Bereich der Grundlagenforschung das Interesse an den „betagten" Nitrovasodilatatoren wieder aufgefrischt und lassen weitere wesentliche Fortschritte, auch für den Therapeuten, für die Zukunft erkennen.

Die experimentellen Arbeiten wurden von der Deutschen Forschungsgemeinschaft im Rahmen des SFB 242 Düsseldorf, Koronare Herzkrankheit, (Teilprojekt C 3 NOACK) unterstützt.

Literatur

[1] Bohn, H., K. Schönafinger: Oxygen and oxidation promote the release of nitric oxide from sydnonimines. J. Cardiovasc. Pharmacol. *14* (Suppl. 11) (1989) 6–12.
[2] Feelisch, M., E. Noack: Correlation between nitric oxide formation during degeneration of organic nitrates and activation of guanylate cyclase. Eur. J. Pharmacol. *139* (1987) 19–30.
[3] Feelisch, M., E. Noack: Nitric oxide (NO) formation from nitrovasodilators occurs independently of hemoglobin or non-heme iron. Eur. J. Pharmacol. *142* (1987) 465–469.
[4] Feelisch, M., E. Noack: On the mechanism of NO release from sydnonimines. J. Cardiovasc. Pharmacol. *14* (Suppl. 11) (1989) 13–22.
[5] Feelisch, M., E. Noack: The in vitro metabolism of nitrovasodilators and their conversion into vasoactive species. In: B. S. Lewis, A. Kimichi (Hrsg.): Heart failure – mechanisms and management, S. 241–255. Springer-Verlag Berlin, Heidelberg 1991.
[6] Furchgott, R. F., J. V. Zawadzki: The obligatory role of endothelial cells in the relaxation of arterial smooth muscle by acetylcholine. Nature *288* (1980) 373–376.
[7] Karczewski, P., M. Kelm, M. Hartmann et al.: Bedeutung von Phospholamban bei der Endothel-vermittelten Relaxation der Rattenaorta. Z. Kardiol. *79* (Suppl. 1) (1990) Abstr. 212, 64.
[8] Kuropteva, Z. V., O. N. Pastuschenko: Change in paramagnetic blood and liver complexes in animals under the influence of nitroglycerin. Dokl. Akad. Nauk. SSSR *281* (1) (1985) 189–192.
[9] Kurz, M. A.: Mechanisms responsible for the heterogeneous coronary microvascular response to nitroglycerin. Circulation *82* (Suppl. III) (1990) III–N.
[10] Marletta, M. A., P. S. Yoon, R. Iyengar et al.: Macrophage oxidation of L-arginine to nitrite and nitrate: nitric oxide is an intermediate. Biochemistry *27* (1988) 8706–8711.
[11] Noack, E.: Investigation on structure-activity relationship in organic nitrates. Meth. and Find. Exptl. Clin. Pharmacol. *6* (1984) 583–586.
[12] Noack, E.: Mechanism of nitrate tolerance – influence of the metabolic activation pathway. Z. Kardiol. *79* (Suppl. 3) (1990) 51–55.

[13] Noack, E., M. Feelisch: Molecular aspects underlying the vasodilator action of molsidomine. J. Cardiovasc. Pharmacol. *14* (Suppl. 11) (1989) 1–5.
[14] Noack, E., M. Feelisch: Molecular mechanisms of nitrovasodilator bioactivation. In: H. Drexler et al. (Hrsg.): Endothelial mechanisms of vasomotor control, S. 37–50. Steinkopff Verlag, Darmstadt 1991.
[15] Noack, E., M. Murphy: Vasodilation and oxygen radical scavenging by nitric oxide/EDRF and organic nitrovasodilators. In: H. Sies (Hrsg.): „Oxidative Stress II", Academic Press Limited (1991) im Druck.
[16] Noack, E., H. Schröder, M. Feelisch: Continuous determination of nitric oxide formation during non-enzymatic degradation of organic nitrates and its correlation to guanylate cyclase activation. Naunyn Schmiedeberg's Arch. Pharmacol. *332* (Suppl.) (1986) 125.
[17] Schöttler, B.: Untersuchungen zum molekularen Wirkungsmechanismus der organischen Nitrate an Thrombozyten. Dissertation, Heinrich-Heine-Universität Düsseldorf (1991).
[18] Selke, F. W., R. J. Tomanek, D. G. Harrison: L-Cysteine selectively potentiates dilation of small coronary arterioles by nitroglycerin. Circulation *82* (Suppl. III) (1990) Abstr. 2792 III–703.
[19] Servent, D, M. Delaforge, C. Ducrocq et al.: Nitric oxide formation during microsomal hepatic denitration of glyceryl trinitrate: involvement of cytochrom P–450. Biochem. Biophys. Res. Commun. *163* (1989) 1210–1216.
[20] Palmer, R. M. J., A. G. Ferrige, S. Moncada: Nitric oxide release accounts for the biological activity of endothelium-derived relaxing factor. Nature *327* (1987) 524–526.
[21] Thomas, G., M. Farhat, A. K. Myers et al.: Effect of Nα-benzoyl-L-arginine ethyl ester on coronary perfusion pressure in isolated guinea pig heart. Eur. J. Pharmacol. *178* (1990) 251–254.

Nitroglycerin kompensiert den altersbedingten Anstieg der Nachlast der linken Herzkammer: die Aufdeckung eines verborgenen Mechanismus

M. O'Rourke, A. Avolio, R. Kelly

Nitroglycerin ist ein außerordentlich wirksames Mittel zur Behandlung von Angina pectoris und von Störungen in der linken Herzkammer [19, 31, 33, 35]. Die Gründe dafür sind in der Vergangenheit ausführlich erörtert worden (z. B. in der neusten Sonderbeilage zum European Heart Journal [9]). Wenn auch bei therapeutischen Dosen kein entsprechender Rückgang des peripheren Widerstandes zu verzeichnen ist, wird die heilsame Wirkung von Nitroglycerin als Folge einer Venenerweiterung [31, 33, 35, 9] und bei Patienten mit Angina pectoris als Folge der Erweiterung der Koronararterien, der Kollateralgefäße und exzentrischer Stenosen angesehen [4].

Die Arbeiten, die in Sydney durchgeführt worden sind, haben gezeigt, daß bei Erwachsenen durch Nitroglycerin eine wesentliche Verringerung der Nachlast der linken Herzkammer erreicht wird [12]. Dies ist wahrscheinlich eine Folge der geringen Durchmesserveränderungen und der Dehnbarkeit der kleinen Arterien. Diese Wirkung (Abb. 1) wird nicht registriert, wenn der Blutdruck konventionell, entweder direkt oder indirekt, über die Arteria brachialis oder die Arteria radialis gemessen wird und ist bedingt durch eine Verringerung der Pulswellenreflektion.

In der hier vorliegenden Arbeit werden die Untersuchungen, die zu diesen Ergebnissen geführt haben, kurz besprochen. Obwohl die definitiven Arbeiten erst in den Jahren 1989 und 1990 veröffentlicht wurden, basieren sie auf Forschungen, die 1963 begonnen worden sind, und zwar mit der Zielstellung, die pulsartorischen Auswirkungen des Blutkreislaufs auf den arteriellen Blutdruck, die Herzbelastung und Herzfunktion zu bestimmen.

Der erste Schritt (der 1963 gemacht worden ist) bestand darin, aufgrund von Tierversuchen festzustellen, welche Beziehungen zwischen den pulsierenden und konstanten Bestandteilen des arteriellen Blutdrucks und der durchfließenden Blutmenge im Hinblick auf den Gefäßwiderstand bestehen. Die Daten wurden an peripheren und zentralen Arterien [22, 29, 30] bestimmt, und zwar unter

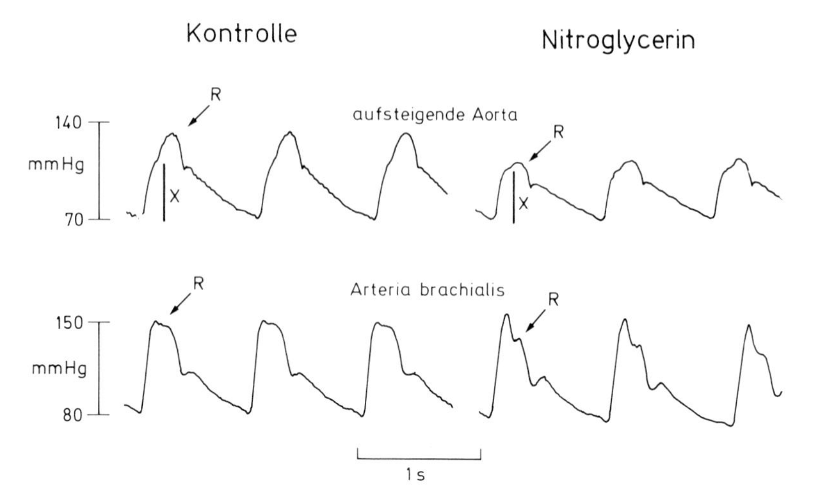

Abb. 1 Druckwellen, die mit einem Kathetermanometer in der aufsteigenden Aorta (oben) und in der Arteria brachialis (unten) eines Patienten mit Koronaratherosklerose aufgenommen worden sind, und zwar vor (links) und fünf Minuten nach (rechts) sublingualer Applikation von 0,3 mg Nitroglycerin. Bei diesem Patienten fiel der systolische Druck in der Aorta um fast 20 mg Hg, wobei sich der systolische Druck in der Arteria brachialis nicht verringert hat. Die Verringerung des systolischen Aorta-Druckes wurde in erster Linie bewirkt durch einen Abfall der endsystolischen Welle (R). Es gab nur eine geringe Änderung der Amplitude am Anfang der frühsystolischen Welle (X). Nach Kelly et al. [12].

Normalbedingungen und während der Infusion vasoaktiver Mittel. Diese Arbeit basierte auf den früheren theoretischen und experimentellen Studien von Wormsley [44, 45], McDonald [17] und Taylor [37, 38] in den fünfziger Jahren. Darin wurde festgestellt, daß die Pulswellenreflektion eine wichtige Rolle spielt für die Bestimmung des Verhältnisses Blutdruck/Fluß, für die formale Kurve des arteriellen Blutdrucks und die Flußkurve sowie für die hydraulische Belastung, die der gesamte Blutkreislauf für die linke Herzkammer darstellt. Die Wirkungen vasoaktiver Mittel könnten in einer Änderung der Intensität und Frequenz der Pulswellenreflektion ihre Ursache haben [22, 29, 30]. Diese Zusammenhänge wurden bestätigt durch Modellstudien, die zur gleichen Zeit in der Abteilung von Michael Taylor durchgeführt wurden [39, 40]. Taylor und McDonald [18] wiesen nach, daß die Pulswellenreflektion eine unausweichliche Konsequenz der Gefäßstruktur ist und daß die Ursache dafür Arterien sind, die einen geringen Widerstand haben und die in Arteriolen enden, die ihrerseits einen hohen Widerstand haben. Taylor erklärt, wie die Pulswellenreflektion unter normalen

Bedingungen im Tierversuch zeitlich so gesteuert werden kann, daß sie die Herzfunktion unterstützt. Dies wird erreicht durch eine Art „Abstimmung" zwischen Herz und Gefäßsystem [39, 41].

Als Ende der sechziger und in den siebziger Jahren entsprechende Daten vom Menschen vorlagen, schien dieses Konzept nicht zu funktionieren [20, 21, 27]. Der Nachweis für eine solche „Abstimmung" konnte nicht erbracht werden. Bei den meisten menschlichen Kandidaten, von denen Daten ermittelt wurden, schien die Pulswellenreflektion die Herzfunktion eher zu behindern als zu fördern. Das systolische Arteriensystem bei Erwachsenen scheint vom Herz her „unabgestimmt" zu sein, wobei die reflektierte Pulswelle zu früh zurückkommt und den systolischen Druck in der aufsteigenden Aorta und in der linken Herzkammer (nicht den Druck in der frühdiastolischen Phase) erhöht [23, 24, 26] (Abb. 2). Die Gründe für diese Situation wurden deutlicher, als man darauf aufmerksam wurde, daß sich die Pulswellengeschwindigkeit in der Arterie mit dem Lebensalter verändert. Mit 50 Jahren ist die Aortapulswellengeschwindigkeit fast doppelt so hoch wie im Kindesalter und fast doppelt so hoch wie die bei Tierversuchen aufgezeichneten [1] (Abb. 3). Der Anstieg der Aortapulswellengeschwindigkeit mit wachsendem Alter wurde mit der Versteifung der Arterien begründet und als eine Alterserscheinung beschrieben, die durch Bluthochdruck beschleunigt

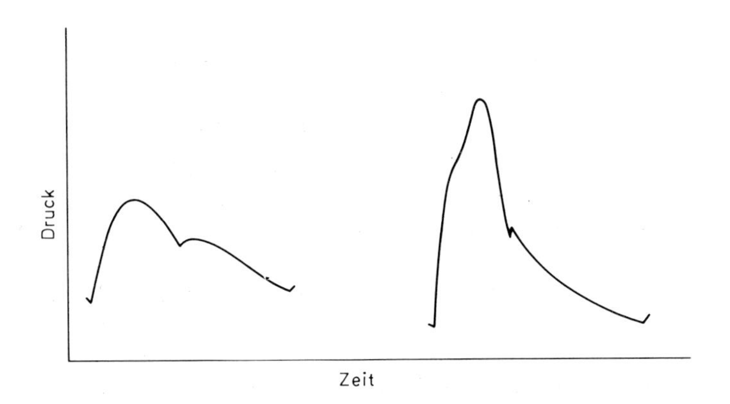

Abb. 2 Typische Druckwellen in der aufsteigenden Aorta bei einem jungen Erwachsenen (links) und einem Patienten im mittleren Alter (rechts). Der Hauptunterschied besteht in der früher eintretenden Wellenreflektion bei dem älteren Patienten. Die reflektierte Welle führt zu einer diastolischen Wellenlinie bei dem jüngeren Patienten. Bei dem älteren kehrt die Welle schneller zurück und bewirkt eine Verstärkung der systolischen Druckspitze. Während der Diastole fällt der Druck fast exponentiell.

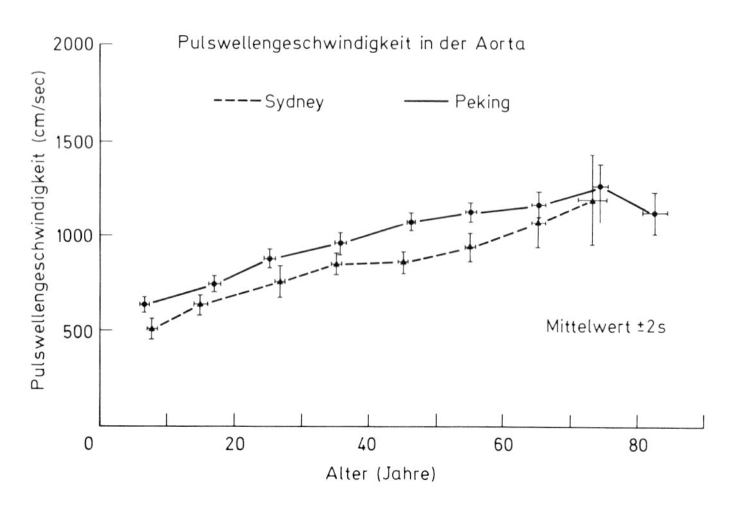

Abb. 3 Änderungen der Pulswellengeschwindigkeit in Abhängigkeit vom Alter bei Patienten aus Sydney und Peking. Nach Avolio et al. [1].

wird und im großen und ganzen unabhängig ist von gleichzeitig vorhandener Atherosklerose [1, 2]. Durch diese Ergebnisse wurden die viel früher gemachten und im wesentlichen wieder in Vergessenheit geratenen Erkenntnisse von Roy [32] sowie von Bramwell und Hill [3] bestätigt, die die Wichtigkeit der fortschreitenden Arterienversteifung mit fortschreitendem Alter beim Menschen als eine Behinderung für eine effiziente Herzfunktion hervorhoben.

Unter dem Blickwinkel, daß die Pulswellenreflektion beim Menschen viel mehr eine Behinderung als eine Unterstützung der linken Herzkammerfunktion ist, versuchten Yaginuma et al. [42] in Sydney herauszufinden, wie dies zum Vorteil des Herzens verändert werden kann. Sie zeigten, daß Nitroglycerin tatsächlich die Pulswellenreflektion vermindert, obwohl es den peripheren Widerstand nicht herabsetzt. Diese Wirkung sollte eine wesentliche (19 mm Hg) systolische Drucksenkung in der aufsteigenden Aorta und in der linken Herzkammer mit sich bringen und dabei den diastolischen Druck in der Aorta unverändert lassen; der geringe Abfall des mittleren Druckes (9 mm Hg) war zurückzuführen auf den venösen Rückfluß und folglich auf das Schlagvolumen. Es wurden Modellstudien [26] durchgeführt, um die experimentell ermittelten Ergebnisse zu untermauern. Diese Erklärung wurde auf der Grundlage von Daten erweitert, die vorher von Simon et al. [34], Fichett [6], Westling [43] und Feldman et al. [5] veröffentlicht worden waren. Diese Autoren führen alle gemeinsam an, daß Nitroglycerin auf die kleinen Arterien eine ausgeprägte gefäßerweiternde Wirkung hat, wogegen

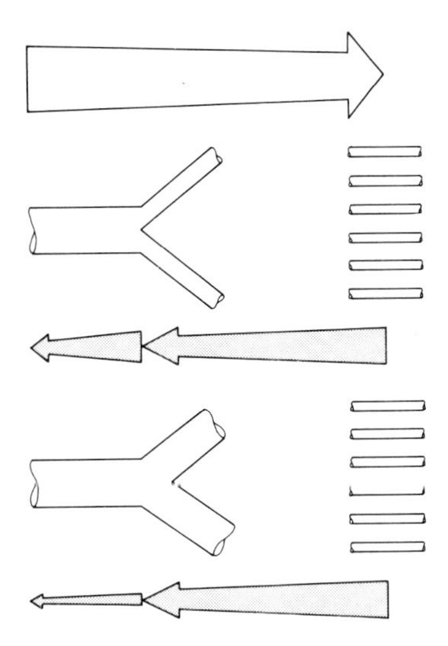

Abb. 4 Vorgänge bei der Verringerung der Wellenreflektion durch Nitroglycerin. Eine Welle, die vom Herz kommt (weißer Pfeil oben), wird an den peripheren Arteriolen (enge Gefäße rechts) reflektiert. Unter normalen Bedingungen verändert sich die reflektierte Welle (grauer Pfeil Mitte) nicht an der Gabelung im Arterienbaum. Jedoch während der Nitroglycerintherapie verringert sich die Amplitude der reflektierten Welle (grauer Pfeil unten) infolge der stärkeren Erweiterung der Äste der Arteriengabelung. Nach Yaginuma et al. [42].

wenig oder keine Wirkung auf den Durchmesser der großen Arterien (z. B. der Aorta) oder auf die Arteriolen ausgeübt wird. Die Verminderung der Pulswellenreflektion mittels Nitroglycerin war zurückzuführen auf die verhältnismäßig große Erweiterung der Gefäßäste im Vergleich zum Stammgefäß bei einer Arteriengabelung (Abb. 4). In der Folgezeit wurden diese Ergebnisse durch Fitchett und Mitarbeiter [8] und durch Latson und Mitarbeiter [16] bestätigt. Sie stimmten mit der Interpretation der Gruppe aus Sydney überein. Ebenso bestätigten Takazawa [36] und Yaginuma et al. [42] in der Folgezeit diese Ergebnisse anhand von japanischen Versuchspersonen.

Die Bedeutung dieser Ergebnisse wurde anfänglich übersehen. Man nahm an, daß jegliche Verringerung des Druckes in der Aorta und in der linken Herzkammer sich auch im Druck der Arteria brachialis und der Arteria radialis bemerkbar machen würde. Da der systolische Druck sich bei normalen therapeutischen Nitroglycerindosen meist nur wenig ändert, nahm man an, daß die starken

Verringerungen, die Yaginuma et al. [42], Simkus et al. [7] und Takazawa [36] demonstriert haben, eine Folge anderer Faktoren waren als die, die bei Patienten während einer Herzkatheterisierung wirksam waren.

Diese Annahme (nämlich daß sich der zentrale und periphere systolische Druck bei Nitroglycerin gleichmäßig verringern) wurde in Frage gestellt, als wir begannen, ein neues Applanationstonometer zu verwenden, das zusammen mit Huntley Millar und Dean Winter aus Texas [14, 15] entwickelt worden ist. In Sydney konnten wir feststellen, daß die mit dem Tonometer aufgezeichnete Karotispulswelle [15] der Welle in der aufsteigenden Aorta entsprach, während sich die radiale Blutdruckwelle anders verhielt, jedoch ähnlich der, die in der Arteria radialis (bzw. brachialis) invasiv aufgezeichnet werden konnte [14]. Bei Nitroglycerin ist die Verringerung der systolischen Druckspitze bei der Karotispulswelle weit größer als die der Druckspitze bei der radialen Druckwelle (die sich oft gar nicht verringert) [36] (Abb. 5). Die Form beider Wellen verändert sich bei Nitroglycerin. Bei der Karotis tritt ein später systolischer Spitzendruck auf,

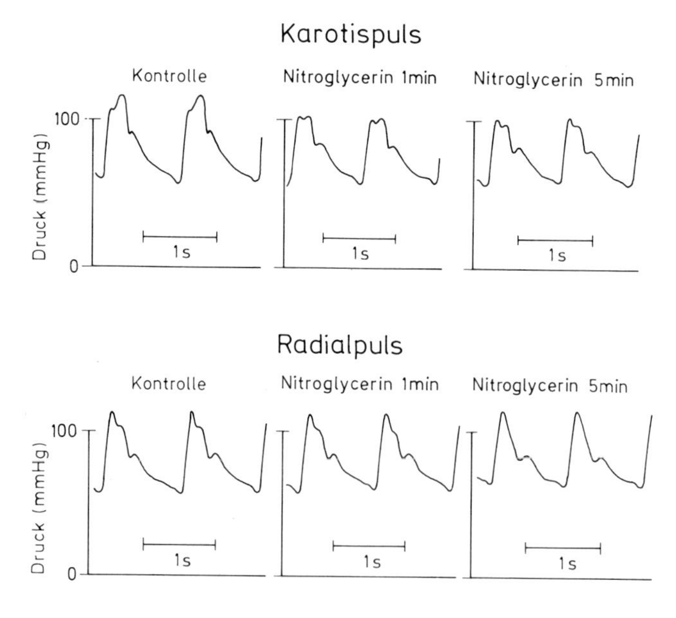

Abb. 5 Druckwellen, die ohne Eingriff mittels Applanationstonometrie aufgezeichnet worden sind, und zwar von der Art. carotis (oben) und von der Arteria radialis (unten) eines fünfzigjährigen Patienten unter Normalbedingungen (links), dann eine Minute (Mitte) und fünf Minuten (rechts) nach sublingualer Applikation von 0,3 mg Nitroglycerin. Nach O'Rourke [28].

und zwar wegen der Druckwellenreflektion, wogegen bei der Arteria radialis kein solcher Spitzenwert am Ende der Systole vorhanden ist. Der Wegfall der Karotisdruckspitze in der späten Systole ist in der Arteria radialis immer begleitet von einer Amplitudenverringerung am Ende der Systole (Abb.5). Da jedoch dadurch keine Pulsspitze erzeugt wird, scheint der systolische Druck nicht zu fallen (Abb. 5). Diese Ergebnisse lassen uns zu dem Schluß kommen, daß erstens die Wellenreflektion beim Menschen andere Wirkungen auf die Druckpulskurve der aufsteigenden Aorta und der Zentralarterien hat als auf die Druckpulskurve der Arteria radialis und Arteria brachialis und daß zweitens durch die Messungen des systolischen Druckes in der Arteria brachialis und in der Arteria radialis die Verringerung des systolischen Druckes, der in der aufsteigenden Aorta durch Nitroglycerin bewirkt wird, unterschätzt werden kann.

Die erste dieser Schlußfolgerungen fanden wir [13] bestätigt in einer Studie mit über 1 000 normalen Testpersonen. Es zeigten sich mit zunehmendem Alter fortschreitende Veränderungen in der Kurvenform und in der Amplitude des zentralen und peripheren Druckpulses (Abb. 6). Eine frühe Wellenreflektion schien bei Personen im Alter von 30 bis 40 Jahren eine Vergrößerung des systolischen Druckes in der Karotis zu bewirken, wogegen eine solche Vergrößerung bei der Arteria radialis erst bei Personen im Alter von 70 bis 80 Jahren zu erkennen war. In den mittleren Jahren war die Wellenreflektion verantwortlich für die Vergrößerung des systolischen Druckes in der Karotis, jedoch nicht in der Arteria radialis. Andere Daten belegen, daß die Wellenreflektion den systolischen Druck in der aufsteigenden Aorta in stärkerem Maße als in der Karotis beeinflußt [13, 15]. Was nichtinvasiv gemessen wurde, führte zu einer Unterbewertung des systolischen Druckanstiegs in der Art. carotis, der durch Wellenreflektion in der aufsteigenden Aorta und in der linken Herzkammer bedingt ist.

Die differenzierte Wirkung von Nitroglycerin auf den zentralen und peripheren systolischen Druck wurde in einer invasiven Untersuchung bestätigt, die vor einer Koronarangiographie bei 14 Patienten mit Koronarerkrankungen [12] durchgeführt worden ist. Bei diesen Patienten hat Nitroglycerin immer dazu geführt, daß der systolische Druck in der aufsteigenden Aorta stärker zurückging als in den Armarterien. Mitunter fiel der systolische Druck in den Armarterien gar nicht ab, selbst dann nicht, wenn der systolische Druck in der Aorta um 20 mm Hg fiel (Abb. 1). Insgesamt war der systolische Druckabfall in den Armarterien bei Nitroglycerin um 10,3 mm Hg niedriger als der in der Aorta (Abb. 7). In der gesamten Versuchsserie betrug der mittlere Druckabfall 7,5 mm Hg; dies war zurückzuführen auf die gleichzeitig auftretende Venenerweiterung bei einer Reduzierung des Schlagvolumens ohne Änderung des peripheren Widerstandes. Diese Begründung wurde verdeutlicht durch das lineare Verhältnis,

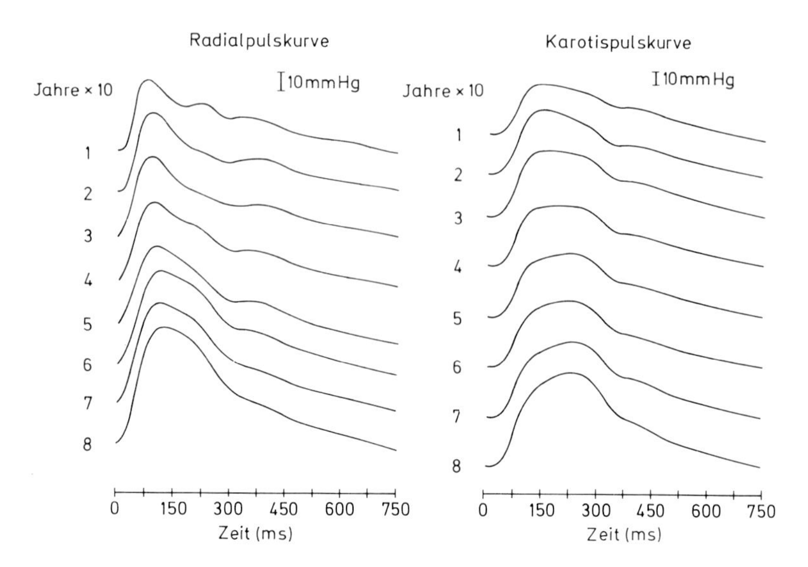

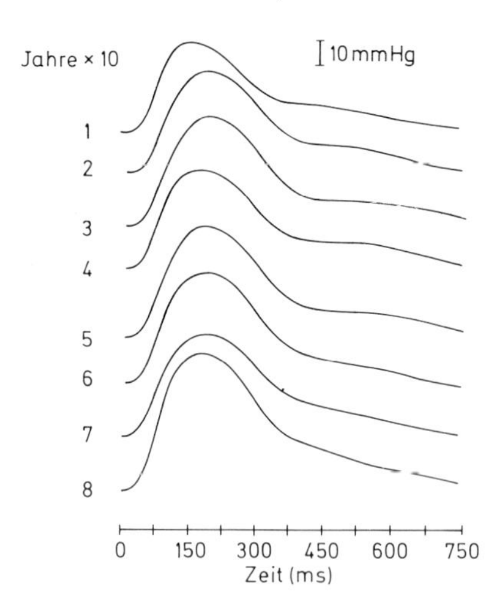

Abb. 6 Änderungen der mittels Applanationstonometrie aufgezeichneten Druckwellenkurve in Abhängigkeit vom Alter, und zwar der Arteria radialis (links), der Art. carotis (rechts) sowie der Femoralarterie (unten links). Die Kurven stellen jeweils den Durchschnitt der Kurven von 40 bis 70 Patienten innerhalb einer Altersgruppe dar, wobei eine Altersgruppe 10 Jahre umfaßt. Die dargestellten Daten beziehen sich auf je eine der acht Lebensaltersgruppen. Nach Kelly et al. [13].

das zwischen dem Abfall des mittleren Druckes und der Verringerung des Druckanstiegs zur ersten systolischen Spitze in der aufsteigenden Aorta bestand (Abb. 8).

Diese Ergebnisse mit Nitroglycerin sind wahrscheinlich auch auf andere Mittel übertragbar, die eine arterielle oder arterioläre Erweiterung mit einer daraus folgenden Verringerung der Wellenreflektion von der Peripherie her bewirken. Nitroglycerin scheint allerdings dabei das wirksamste Mittel für eine akute Verringerung der Wellenreflektion zu sein und möglicherweise das einzige, das die Wellenreflektion verringert, ohne den peripheren Widerstand herabzusetzen. Es hat sich herausgestellt, daß Dilevalol [11] bei nichtinvasiven Untersuchungen den systolischen Druck in den zentralen Arterien stärker senkt als in den radialen Arterien. In neueren Untersuchungen haben Simkus et al. [7] während einer Herzkatheterisierung ähnlich differenzierte Auswirkungen von Nitroprussid auf den Blutdruck in Aorta und Armarterien nachgewiesen, wie wir es bei Nitroglycerin gesehen haben.

Die jüngsten Untersuchungen, die hier zusammengefaßt sind [11 – 15, 25], stellen den Höhepunkt einer etwa dreißigjährigen Arbeit über arterielle Hämodynamik dar.

Dabei zeigte sich folgendes:

1. Bei Erwachsenen führt die Wellenreflektion zu einer wesentlichen Erhöhung des systolischen Druckes in der aufsteigenden Aorta und in der linken Herzkammer, ohne daß es zu einer entsprechenden Erhöhung des Druckes in der Arteria brachialis bzw. der Arteria radialis kommt.
2. Nitroglycerin bewirkt – über eine Abschwächung der Wellenreflektion – eine wesentliche Verringerung des systolischen Druckes in der aufsteigenden Aorta und in der linken Herzkammer, ohne daß es zu einer entsprechenden Verringerung des Druckes in der Arteria brachialis und der Arteria radialis kommt.
3. Nitroglycerin ist ein wirksames und geeignetes Mittel zur Reduzierung der Nachlast der linken Herzkammer, dessen Wirkungen jedoch durch die Ergebnisse der konventionellen Messungen des arteriellen Druckes in der Arteria brachialis unterschätzt werden.
4. Die Veränderungen des arteriellen Druckes und der Last der linken Herzkammer können ohne Eingriff untersucht werden, und zwar mit einer neuen Technik, der Applanationstonometrie.

Diese Untersuchungen sind eine Ergänzung zu anderen Berichten und stimmen überein mit allen bisher bekannten Daten.

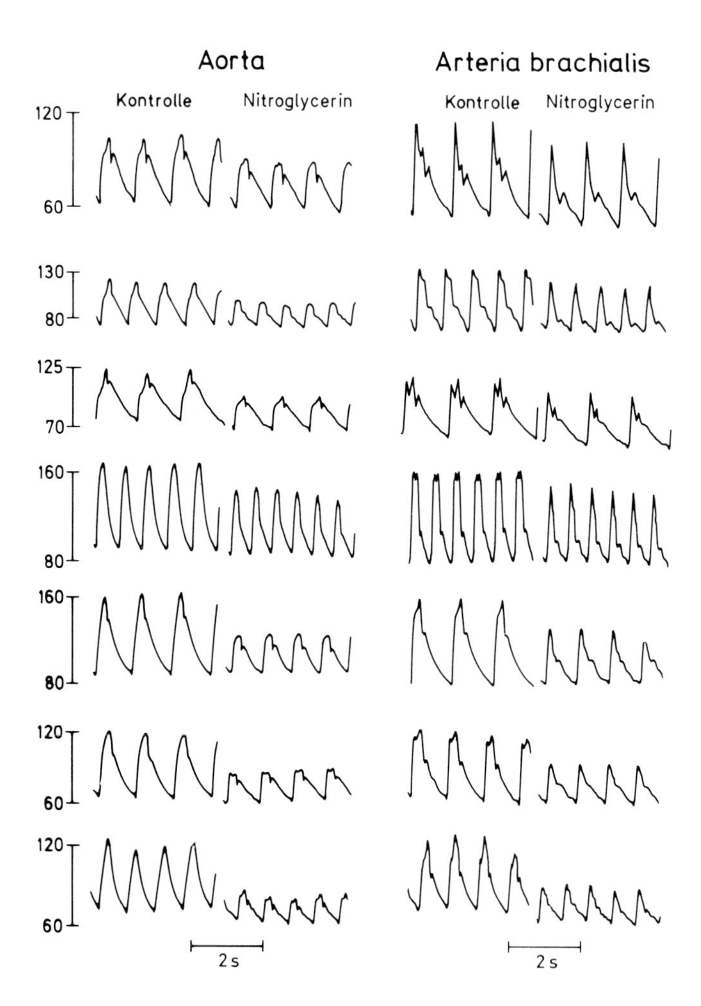

Abb. 7 Druckwellen der aufsteigenden Aorta bei 14 Patienten vor (links) und nach (rechts) sublingualer Applikation von 0,3 mg Nitroglycerin. Druckwellen in der Arteria brachialis des gleichen Patienten vor (links) und nach (rechts) Applikation von Nitroglycerin. Es liegt ein beständiger und wesentlicher Abfall des systoli-

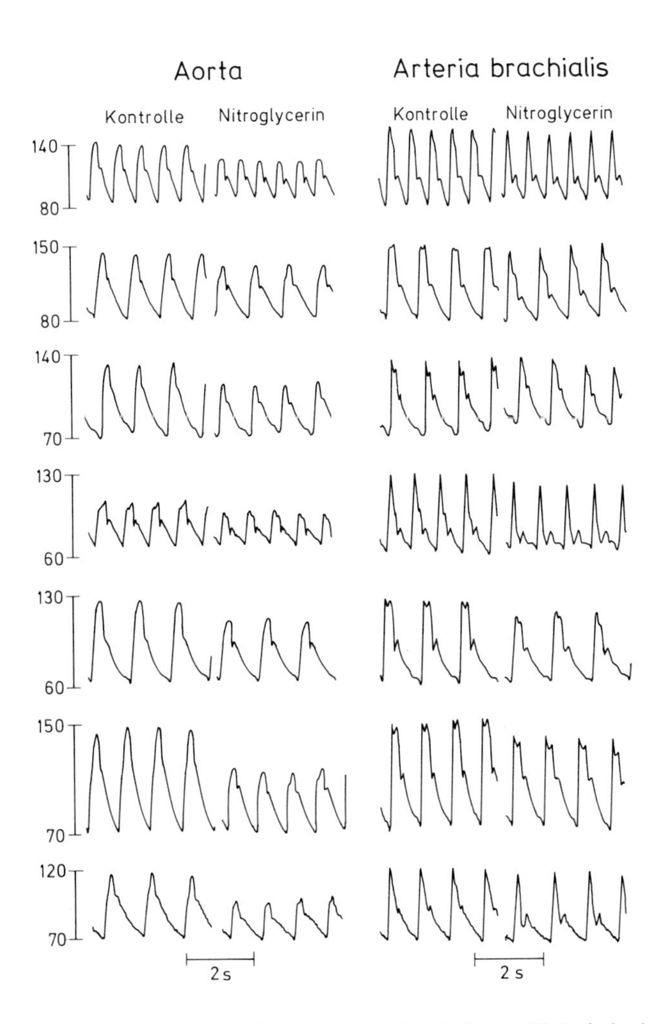

schen Aortadruckes (im Durchschnitt 22,2 mm Hg), jedoch ein unbeständiger und geringerer Abfall des systolischen Armarteriendruckes (im Durchschnitt 11,9 mm Hg) vor. Nach Kelly et al. [12].

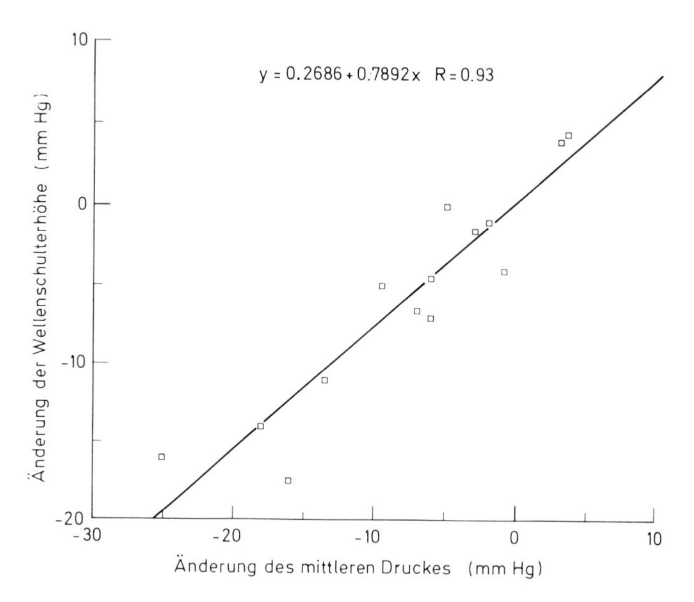

Abb. 8 Das Verhältnis zwischen der Höhenänderung der systolischen Schulter der Druckkurve bei der aufsteigenden Aorta (X in Abb. 1) und der Änderung des mittleren Druckes nach Nitroglycerintherapie bei den 14 Patienten, die in Abb. 7 dargestellt sind. Nach Kelly et al. [1].

Wir suchen gegenwärtig in Sydney nach Möglichkeiten für eine bessere Analyse des arteriellen Pulses als die der invasiven Aufzeichnung in der Arteria radialis bzw. brachialis oder der nichtinvasiven Aufzeichnung an der Arteria radialis mit Hilfe der Applanationstonometrie. Unser Ziel ist es, die konventionellen Druckaufzeichnungen des systolischen und diastolischen Druckes zu ergänzen, um dadurch zu einem besseren Verständnis der subtilen Auswirkungen von Nitroglycerin und anderer vasoaktiver Mittel auf die Last der linken Herzkammer zu kommen. Anhand der Änderungen der peripheren Pulskurve können wir vorteilhafte und ungünstige Auswirkungen auf die Last der linken Herzkammer ableiten [25]. Diese Methode geht auf die alten Zeiten zurück, als man das heutige allgegenwärtige Blutdruckmeßgerät mit der Armmanschette noch nicht kannte und als die klinischen Informationen über Bluthochdruck und andere Erkrankungen aus Messungen des arteriellen Pulses mit Hilfe der Sphygmographie [10] abgeleitet wurden.

Literatur

[1] Avolio, A. P., Chen Shang-Gong, Wang Ruo-Ping et al.: Effects of aging on changing arterial compliance and left ventricular load in a northern Chinese urban community. Circulation *68* (1983) 50–58.
[2] Avolio, A. P., Deng Fa-Quan, Li Wei-Quiang et al.: Effects of aging on arterial distensibility in populations with high and low prevalence of hypertension: comparison between urban and rural communities in China. Circulation *71* (1985) 202–210.
[3] Bramwell, J. V., A. V. Hill: Velocity of transmission of the pulse wave and elasticity of arteries. Lancet *1* (1922) 891–892.
[4] Brown, B. G., E. Bolson, R. B. Peterson et al.: The mechanisms of nitroglycerin action: stenosis vasodilation as a major component of the drug response. Circulation *64* (1981) 1089–1097.
[5] Feldman, R. L., C. J. Pepine, C. R. Conti: Magnitude of dilation of large and small arteries by nitroglycerin. Circulation *63* (1982) 324–333.
[6] Fitchett, D.: The effects of nitroglycerin on forearm arterial compliance. J. Clin. Invest. Med. *5* (Suppl.) (1982) 31.
[7] Simkus, G. J., D. H. Fitchett: Radial arterial pressure measurements may be a poor guide to the beneficial effects of nitroprusside on left ventricular systolic pressure in patients with cardiac failure. Am. J. Cardiol. *66* (1990) 323–326.
[8] Fitchett, D. H., G. J. Simkus, J. P. Beaudry et al.: Reflected pressure waves in the ascending aorta: effect of glyceryl trinitrate. Cardiovasc. Res. *22* (1988) 494–500.
[9] Hugenholtz, P. G., D. G. Julian: International symposium: nitrates, 1987. Eur. Heart. J. *9* (Suppl. A) (1988).
[10] Karamanoglu, M., R. Kelly, G. Gravalee et al.: Clinical implications of pressure wave transmission in the upper limb. Circulation *80* (Suppl. 2) (1989) 542.
[11] Kelly, R., J. Daley, A. P. Avolio et al.: Arterial dilation and reduced wave reflection. Benefit of Dilevalol in Hypertension. Hypertension *14* (1989) 14–21.
[12] Kelly, R. P., H. H. Gibbs, M. F. O'Rourke et al.: Nitroglycerin has more favourable effects on left ventricular afterload than apparent from measurement of pressure in a peripheral artery. Eur. Heart J. *11* (1990) 138–144.
[13] Kelly, R., C. Hayward, A. P. Avolio et al.: Non invasive determination of age-related changes in the human arterial pulse. Circulation *80* (1989) 1652–1659.
[14] Kelly, R., C. Hayward, J. Ganis et al.: Non invasive registration of the arterial pressure pulse waveform using high-fidelity applanation tonometry. J. Vasc. Med. Biol. *1* (Suppl. 3) (1989) 142–149.
[15] Kelly, R., M. Karamanoglu, H. Gibbs et al.: Noninvasive carotid pressure wave registration as an indicator of ascending aortic pressure. J. Vasc. Med. Biol. *1* (Suppl. 4) (1989) 241–247.
[16] Latson, T. W., W. C. Hunter, N. Katoh et al.: Effect of nitroglycerin on aortic impedance, diameter, and pulse wave velocity. Circ. Res. *62* (1988) 884–890.
[17] McDonald, D. A.: Blood flow in arteries. Arnold, London 1960.

[18] McDonald, D. A., M. G. Taylor: The hydrodynamics of the arterial circulation. Progress in Biophysics *9* (1959) 107–173.
[19] McGregor, M.: The nitrates and myocardial ischaemia. Circulation *66* (1982) 689–692.
[20] Mills C. J., I. T. Gabe, J. H. Gault et al.: Pressure-flow relationships and vascular impedance in man. Cardiovasc. Res. *4* (1970) 405–417.
[21] Murgo, J. P., N. Westerhof, J. P. Giolma et al.: Aortic input impedance in normal man: relationship to pressure wave-forms. Circulation *62* (1980) 105–116.
[22] O'Rourke, M. F.: Pressure and flow in systemic arteries and the anatomical design of the arterial system. J. Appl. Physio. *23* (1967) 139–149.
[23] O'Rourke, M. F.: Arterial haemodynamics in hypertension. Cir. Res. *26* u. *27* (11) (1970) 123–133.
[24] O'Rourke, M. F. Arterial Function in Health and Disease. Churchill, Edinburgh 1982.
[25] O'Rourke, M. F. What is blood pressure? Am. J. Hypertension *3* (1990) 803–810.
[26] O'Rourke, M. F., A. P. Avolio: Pulsatile flow and pressure in human systemic arteries: studies in man and in a multi-branched model of the human systemic arterial tree. Cir. Res. *46* (3) (1980) 363–372.
[27] O'Rourke, M. F., J. V. Blazek, C. L. Morreels jr. et al.: Pressure wave transmission along the human aorta: changes with age and in arterial degenerative disease. Cir. Res. *23* (1968) 567–579.
[28] O'Rourke, M. F., R. P. Kelly, A. P. Avolio et al.: Effects of arterial dilator agents on central aortic systolic pressure and on left ventricular hydraulic load. Am. J. Cardiol. *63* (1989) 381–441.
[29] O'Rourke, M. F., M. G. Taylor: Vascular impedance of the systemic circulation. Cir. Res. *18* (1966) 126–139.
[30] O'Rourke, M. F., M. G. Taylor: Input impedance of the systemic circulation. Cir. Res. *20* (1967) 365–380.
[31] Parmely, W. W.: Medical treatment of congestive heart failure. Where are we now? Circulation *75* (Suppl. 4) (1987) 4–10.
[32] Roy, C. S.: The elastic properties of the arterial wall. J. Physio. (London) *3* (1880) 125–159.
[33] Rutherford, J. D., E. Braunwald, P. Cohn: Chronic ischaemic heart disease. In: E. Braunwald (Ed.): Heart Disease, pp. 1327–1328. W. B. Saunders, Philadelphia 1988.
[34] Simon, A. C., J. A. Levenson, B. I. Levi et al.: Effect of nitroglyccrin on peripheral large arteries in hypertension. Br. J. Clin. Pharmacol. *14* (1982) 241–246.
[35] Smith, T. W., E. Braunwald, R. A. Kelly: The management of heart failure. In: E. Braunwald (Ed.): Heart Disease 3rd. edn., pp. 516–523. W. B. Saunders, Philadelphia 1988.
[36] Takazawa, K.: A clinical study of the second component of left systolic pressure. J. Tokyo Medical College *45* (1987) 256–270.
[37] Taylor, M. G.: An approach to an analysis of the arterial pulse wave. I Oscillations in an attenuating line. Phys. Med. Biol. *1* (1957a) 258–269.
[38] Taylor, M. G.: An approach to an analysis of the arterial pulse wave. II Fluid oscillations in an elastic tube. Phys. Med. Biol. *1* (1957b) 321–329.

[39] Taylor, M. G.: Wave travel in arteries and the design of the cardiovascular system. In: E. O. Attinger (Ed.): Pulsatile Blood Flow, pp. 343–372. McGraw Hill, New York 1963.
[40] Taylor, M. G.: The input impedance of an assembly of randomly branching elastic tubes. Biophysical J. *6* (1966) 29–51.
[41] Taylor, M. G.: The elastic properties of arteries in relation to the physiological functions of the arterial system. Gastroenterology *52* (1967) 358–363.
[42] Yaginuma, T., A. P. Avolio, M. F. O'Rourke et al.: Effect of glyceryl nitrate on peripheral arteries alters left ventricular hydraulic load in man. Cardiovasc. Res. *20* (1986) 153–160.
[43] Westling, H., L. Jansson, B. Jonson et al.: Vasoactive drugs and elastic properties of human arteries in vivo, with special reference to the action of nitroglycerin. Eur. Heart. J. *5* (1984) 609–616.
[44] Womersley, J. R.: The mathematical analysis of the arterial circulation in a state of oscillatory motion. Wright Air Development Center, Technical Report WADC-TR56-614, 1958.
[45] Womersley, J. R.: Oscillatory flow in arteries: the reflection of the pulse wave at junctions and rigid inserts in the arterial system. Phys. Med. Biol. *2* (1958) 313–323.

Nitroglycerin in der Therapie des akuten Myokardinfarktes

W.-D. Bussmann

Einleitung

Als wir 1972 mit ersten Untersuchungen zur Wirkung von Nitroglycerin bei frischem Herzinfarkt begannen, galt die Substanz noch als kontraindiziert für die akute Infarktphase. Es wurde ein Anstieg der Herzfrequenz und ein zu starker Blutdruckabfall befürchtet. Erste systematische Untersuchungen 1974 in Frankfurt zeigten jedoch, daß Nitroglycerin sehr wohl positive hämodynamische Wirkungen bei frischem Herzinfarkt insbesondere bei Patienten mit Linksherzinsuffizienz zeigte [4, 5]. Chiche et al. [11] führten Untersuchungen zur Wirkung von Nitroglycerin in Frankreich durch und berichteten über ihre Ergebnisse 1978/1979 [11, 12]. Die Verbreitung dieser neuen Therapie in den Vereinigten Staaten war jedoch trotz der Arbeiten von Flaherty et al. (1975) nur gering [14]. Dort wurde lange Zeit Natriumnitroprussid bevorzugt. Judgutt et al. [15, 16] zeigten in zunächst experimentellen, dann aber auch in größeren klinischen Untersuchungen, daß Nitroglycerin günstigere Effekte beim Infarkt hat (1981/1982).

Während in deutschen Landen die Verordnung von intravenösem Nitroglycerin beim frischen Herzinfarkt schon seit einigen Jahren praktisch obligat ist, zeigt sich jetzt auch in den Vereinigten Staaten ein Wandel zur routinemäßigen Anwendung von Nitroglycerin beim frischen Infarkt. Dieses findet seinen Ausdruck in einer 1990 veröffentlichten Therapieempfehlung des American College of Cardiology und der American Heart Association im Circulation (AHA Medical/Scientific Statement [1]). Nach der Zusammenstellung der zum Thema Nitroglycerin bei Infarkt veröffentlichten Publikationen von Yusuf [20] wurde nochmals deutlich, daß Nitroglycerin die Infarktgröße vermindern kann und möglicherweise günstige Effekte auf die Prognose hat. So wird in dem Statement der amerikanischen Kardiologengesellschaft Nitroglycerin beim Infarkt als primäres Medikament empfohlen:

Einerseits initial bei Beginn der Symptomatik und auch bei Blutdruckwerten bis 90 mmHg systolisch, andererseits als Dauerinfusion, da bei den meisten Patienten eine Reduktion der Infarktgröße und ein Schutz vor Kammerflimmern zu erwarten ist. Auch nach thrombolytischer Therapie ist die intravenöse Gabe von Nitroglycerin indiziert. Die eigenen Ergebnisse zu der Thematik werden weiter unten zusammengefaßt.

Wirkungsmechanismus

In letzter Zeit gab es einige wichtige neue, experimentelle und klinische Befunde, die den Wirkungsmechanismus von Nitroglycerin in einem anderen Licht erscheinen lassen. Die bekannte Tatsache, daß Nitroglycerin die epikardialen Kranzarterien erweitert, wird ergänzt durch frühe Befunde von Feldmann et al. [13], die zeigen, daß Nitroglycerin in der Lage ist, insbesondere die verengten Segmente der epikardialen Kranzarterien aufzuweiten. Dadurch ergibt sich eine erhebliche Flußsteigerung im ischämischen Gebiet. Wir konnten zeigen, daß bereits minimale Nitroglycerindosen, die weder den Füllungsdruck senken, noch den arteriellen Blutdruck vermindern, noch gesunde Kranzarterienabschnitte dilatieren zu einer Erweiterung von Koronarstenosen führen. Darüber hinaus zeigte sich, daß dieser Effekt einen Teil der antianginösen Wirksamkeit erklärt [10, 18, 19].

Aus den systematischen Untersuchungen von Hess und Mitarbeitern [15] sowie eigenen Messungen geht hervor, daß sich während eines Angina pectoris-Anfalles die epikardialen Kranzarterien stark verengen. Dies ist wahrscheinlich auch beim frischen Myokardinfarkt der Fall.

Offenbar überwiegen vasokonstriktorische Elemente. Die vermehrte Renin-Angiotensin- und Alpha-Rezeptoren-Stimulation tragen zur Vasokonstriktion bei, zumal der Endothelial Derived Relaxing Factor (EDRF) bei defekter Intima unwirksam ist. Durch die Verengung der Kranzarterien, insbesondere auch in den stenotischen Bezirken, kommt es zu einer weiteren Flußverlangsamung und Zunahme der Myokardischämie. Die Scherkräfte und der Spüleffekt nehmen ab, so daß die Thrombusformation gefördert wird. Über die Mechanismen ist evtl. auch zu erklären, warum die Infarktausdehnung bei Jugendlichen häufig weit größer ist als es dem Perfusionsgebiet des verschlossenen Gefäßes entspricht.

Durch die Gabe von Nitroglycerin kommt es dagegen zur Erweiterung des verengten Koronargefäßsystems. Nitroglycerin ersetzt dabei den fehlenden EDRF der defekten Intima durch Freisetzung von Stickoxyd (NO). Einzelheiten dazu gehen aus den Untersuchungen von Bassenge hervor [3]. Das Resultat ist die Aufweitung insbesondere stark verengter Gefäßabschnitte. Subtotale Verschlüsse werden unter Umständen wieder durchgängig. Die damit mögliche erhebliche Flußsteigerung führt zu einem Spüleffekt, so daß weniger Thrombozyten im Bereich der verengten Stelle angelagert werden. Hinzu kommt der antiaggregatorische Effekt von Nitroglycerin [2].

Daraus folgt, daß die lokalen Wirkungen von Nitroglycerin an den Kranzarterien wahrscheinlich entscheidender sind als die viel bekannteren peripheren Effekte. Früher hat man angenommen, daß die günstige antiischämische Wirkung von Nitroglycerin durch die Entlastung in der Peripherie durch venöse und arterioläre Vasodilatation zustande kommt. Der direkte koronare Effekt wurde abgelehnt. Heute ist die Sicht umgekehrt, wahrscheinlich sind die lokalen koronaren Wirkungen, das heißt die Weitstellung von Koronarstenosen entscheidend für die direkte Durchblutungsverbesserung des ischämischen Areals.

Möglicherweise ist auch die Anfallskupierung durch Nitroglycerin primär bedingt durch die Durchblutungsverbesserung im betroffenen Gefäßgebiet, wobei die peripheren Angriffspunkte sicher ergänzend wirksam sind.

Das venöse Pooling ist von besonderer Bedeutung bei Patienten mit Herzinfarkt und Linksinsuffizienz. Durch Verschiebung von 200–250 ml Blut kann die Stauung innerhalb von 3 Minuten halbiert werden. Dabei nimmt der Füllungsdruck häufig um über 50% ab, so daß auch auf diesem Wege eine Besserung der endokardnahen Durchblutung resultiert. Dies wiederum fördert die myokardiale Kontraktion im betroffenen Bezirk und verbessert die Förderleistung.

Durch die Weitstellung der Arteriolen kommt es zur Blutdrucksenkung durch Abnahme des peripheren Widerstandes, wodurch bei herzinsuffizienten Patienten ebenfalls eine Steigerung des Herzminutenvolumens eintritt. Die Schlagvolumensteigerung kann aber allein schon durch die bessere Durchblutung des betroffenen Myokardbezirkes ausgelöst werden, wenn durch Aufweitung der Koronarstenose mehr Blut das ischämische Areal erreicht.

Diese speziellen Befunde zum Wirkungsmechanismus von Nitroglycerin haben wahrscheinlich auch erhebliche Bedeutung für die günstige Beeinflussung der Myokardischämie in der Situation des akuten Infarktes. Kommt der Infarkt durch eine hochgradige Stenose zustande, so ist für die weitere Entwicklung und Ausdehnung des Infarktes die Dilatation des Stenosedurchmessers durch Nitroglycerin von entscheidender Bedeutung.

Bei dem viel häufigeren kompletten Verschluß dürfte der Effekt von Nitroglycerin darauf beruhen, daß die Entwicklung zu einer vollständigen Ausprägung des Infarktes durch die unter Nitroglycerin nachgewiesene Verbesserung der Kollateraldurchblutung verhindert wird.

Außerdem dürfte die Aufweitung von Stenosen in nicht vom Infarkt betroffenen Gefäßen günstige Auswirkungen auf die Infarktgröße haben. Die spontane oder medikamentöse Thrombolyse ist in Gegenwart von Nitroglycerin wahrscheinlich effektiver. Die Weitstellung der dem Verschluß zugrunde liegenden Stenose dürfte den thrombolytischen Vorgang beschleunigen. Der antiaggregatorische Effekt von Nitroglycerin wird möglicherweise den Wiederverschluß verhindern, und der höhere Fluß im Kranzgefäß die Scherkräfte und Spüleffekte auf Thrombozyten bzw. thrombotisches Material verbessern können.

In der Tat zeigt sich in unserer damals durchgeführten Untersuchung an 60 Patienten eine signifikante Reduktion der CK- und CK-MB-Infarktgröße, ein Rückgang der Myokardischämie gemessen an der ST-Strecke und eine Verminderung der QRS-Nekrosezeichen im EKG. Die ischämiebedingten ventrikulären Rhythmusstörungen nahmen ab [6, 7, 8]. Aus den Untersuchungen ging auch hervor, daß die Patienten, die initial Nitroglycerin erhielten, eine geringere Frühmortalität und eine bessere Spätprognose hatten als Patienten der Kontrollgruppe [9].

Es ist noch zu ergänzen, daß es unter der niedrigdosierten intravenösen Nitroglyceringabe in den ersten beiden entscheidenden Infarkttagen nicht zu einer Abschwächung der Wirkung auf den linksventrikulären Füllungsdruck kommt. Die über 2 Tage anhaltende Infusion mit Nitroglycerin beim frischen Infarkt kann deshalb als Standardtherapie gelten.

Literatur

[1] AHA Medical/Scientific Statement: ACC/AHA Guidelines for the Early Management of Patients With Acute Myocardial Infarction. Circulation *82* (1990) 664–707.

[2] Bassenge, E., H. Gauch: Stellenwert von EDRF als Mediator der Gefäßregulation. Einfluß des Gefäßendothels auf den vaskulären Tonus und die Thrombozytenfunktion. Fortschr. Med. *106* (1988) 44–46.

[3] Bassenge, E.: Experimentelle Befunde zur Nitratwirkung. In: H. Roskamm (Hrsg.): Nitroglycerin VI, S. 53–66. Walter de Gruyter, Berlin–New York 1989.

[4] Bussmann, W. D., J. Vachalowa, M. Kaltenbach: Wirkung von Nitroglycerin beim frischen Herzinfarkt (Abstract). Z. Kardiol. *52* (Suppl. I) (1974) 63.

[5] Bussmann, W. D., J. Löhner, M. Kaltenbach: Orale Nitroglycerinpräparate in der Behandlung der Linksinsuffizienz beim frischen Herzinfarkt (Abstract). Z. Kardiol. *52* (Suppl. I) (1974) 63.

[6] Bussmann, W. D., H. Schöfer, M. Kaltenbach: Wirkung von Nitroglycerin beim akuten Myocardinfarkt. II. Intravenöse Dauerinfusion von Nitroglycerin bei Patienten mit und ohne Linksinsuffizienz und ihre Auswirkung auf die Infarktgröße. Dtsch. Med. Wschr. *101* (1976) 642–648.

[7] Bussmann, W. D., D. Passek, W. Seidel et al.: Reduktion der CK- und CK-MB-Enzymaktivität und der Infarktgröße durch intravenöses Nitroglycerin. Z. Kardiol. *69* (1980) 18–30.
[8] Bussmann, W. D., D. Passek, W. Seidel et al.: Reduction of CK and CK-MB indexes of infarct size by intravenous nitroglycerin. Circulation *63* (1981) 615–622.
[9] Bussmann, W. D., M. Haller: Hinweis auf eine Abnahme der Früh- und Spätmortalität beim frischen Herzinfarkt unter Nitroglycerintherapie. Klin Wochenschr *61* (1983) 417–422.
[10] Bussmann, W. D.: Transdermal nitroglycerin: Concluding remarks. In: W. D. Bussmann, A. Zanchetti (Hrsg.): Transdermal nitroglycerin therapy, S. 66–71. Hans Huber Publishers, Bern–Stuttgart–Toronto 1985.
[11] Chiche, P., S. J. Baligadoo, J. P. Derrida: A randomised trial of prolonged nitroglycerin infusion in acute myocardial infarction (Abstract). Circulation *59/60* (Suppl. II) (1979) 165.
[12] Derrida, J. P., R. Sal, P. Gliche: Favorable effects of prolonged nitroglycerin infusion in patients with acute myocardial infarction. Am. Heart J. *96* (1978) 833–834.
[13] Feldmann, R. L., C. J. Pepine, C. R. Conti: Magnitude of dilatation of large and small coronary arteries by nitroglycerin. Circulation *64* (1981) 324–333.
[14] Flaherty, J. T., P. R. Reid, D. T. Kelly et al.: Intravenous nitroglycerin in acute myocardial infarction. Circulation *51* (1975) 132–139.
[15] Hess, O. M., A. Bortone, K. Eid et al.: Coronary vasomotor tone during static and dynamic exercise. Eur. Heart. J. *10* (Suppl. F) (1990) 105–110.
[16] Judgutt, B. I., L. C. Becker, G. M. Hutchins et al.: Effect of intravenous nitroglycerin on collateral blood flow and infarct size in the concious dog. Circulation *63* (1981) 17–28.
[17] Judgutt, B. I., B. A. Sussex, J. W. Warnica: Persistent reduction in left ventricular asynergy in acute myocardial infarction with intravenous nitroglycerin infusion (Abstract). Circulation *66* (Suppl. II) (1982) 2.
[18] Sievert, H., W. Rimili, W. Schneider et al.: Antianginöse Wirksamkeit minimaler Nitroglycerindosen. Z. Kardiol. *74* (Suppl. III) (1985) 80.
[19] Sievert, H., G. Selzer, G. Kober et al.: Nitroglycerin intravenös in extrem niedriger Dosierung bewirkt eine Erweiterung von Koronarstenosen. Z. Kardiol. *76* (Suppl. I) (1987) 272.
[20] Yusuf, S., S. MacMahon, R. Collins et al.: Effect of intravenous nitrates on mortality in acute myocardial infarction: an overview of the randomised trails. The Lancet (1988) 1088–1092.

Klinische Ergebnisse zur Behandlung der hypertensiven Krise mit Nitroglycerin

H.-P. Nast

Einleitung

Die Hochdruckkrise stellt wegen ihrer myokardialen, koronaren und zerebralen sowie renalen Auswirkungen eine unmittelbare, vitale Gefährdung des Patienten dar und kann innerhalb weniger Stunden zum Tode führen [1]. Hauptkomplikationen sind die hypertensive Encephalopathie, intrakranielle Blutungen, akuter Myokardinfarkt, Lungenödem bei akuter Linksherzinsuffizienz, dissezierendes Aneurysma und akutes Nierenversagen. Kardiale Komplikationen treten bei einer hypertensiven Krise besonders häufig auf, da bei 50–80% der Patienten mit Hypertonie bereits kardiale Vorschäden vorliegen [5]. Außerdem weisen Patienten mit einer koronaren Herzerkrankung bei exzessiven Blutdrucksteigerungen eine schlechtere haemodynamische Ausgangsposition auf.

Die Definition einer hypertensiven Krise ist nicht an bestimmte Blutdruckgrenzen gebunden [5]. Entscheidend ist nicht die absolute Blutdruckhöhe, sondern die Dynamik und das Ausmaß des Blutdruckanstieges, die Ausgangsblutdrucklage sowie vorbestehende Schäden des Herz-Kreislaufsystems.

Eine besondere Gefährdung des Patienten besteht dann, wenn die exzessive Blutdrucksteigerung auf ein wenig adaptiertes Gefäßsystem trifft; das ist der Fall, wenn plötzliche Blutdrucksteigerungen aus einer normalen oder nur leicht erhöhten Blutdrucklage entstehen. Andererseits stellt ein exzessiv erhöhter Blutdruck mit z. B. Werten von 270/120 mm Hg, bei Patienten mit bekannter schwerer oder maligner Hypertonie noch keine hypertensive Krise dar.

Es gibt wenig Krankheitszustände, die eine so rasche Therapie erforderlich machen wie eine hypertensive Krise, um irreperable Schädigungen bzw. einen letalen Ausgang zu verhindern.

Beim hypertensiven Notfall hat die sofortige, effektive Senkung des Blutdruckes den absoluten Vorrang vor weiteren diagnostischen Maßnahmen. Denn aufgrund der raschen Progredienz gefäßbedingter Schäden, hängt der Grad der Reversibilität der Komplikationen in erster Linie von der Geschwindigkeit ab, mit der eine effektive Behandlung einsetzt. Eine Therapie ist daher schon in der Praxis vor der Klinikeinweisung einzuleiten. Hierzu ist meist eine Senkung des systolischen Blutdruckes um 30–60 mm Hg und des diastolischen Blutdruckes auf etwa 100–110 mm Hg erforderlich und ausreichend. Die Blutdrucksenkung sollte innerhalb weniger Minuten eintreten; allerdings ist hierbei auch zu beachten, daß eine zu drastische Blutdrucksenkung innerhalb kürzester Zeit durch intravenöse Gaben von Antihypertensiva nicht unproblematisch ist und unter Umständen desolate Folgen haben kann [4]. Eine mäßige Senkung des Blutdruckes ist dann erforderlich, wenn ischämische Symptome von Gehirn und Herz auftreten bzw. sich verschlimmern sollten. Besondere Vorsicht ist bei älteren Patienten sowie bei Patienten mit Carotisstenosen geboten.

Entscheidend und lebenswichtig in der hypertensiven Krise ist die Zuverlässigkeit der medikamentösen Blutdrucksenkung. Antihypertensiva, die zur Therapie der hypertensiven Krise gebraucht werden, sollten deshalb rasch und sicher blutdrucksenkend wirken, gut steuerbar sein und nur geringe Nebenwirkungen haben. Früher kamen als Notfall-Antihypertensiva besonders Reserpin, Clonidin, Dihydralazin, Natriumnitroprussid und Diazoxid zum Einsatz. Allerdings kam es im Rahmen dieser therapeutischen Möglichkeiten zum Teil zu unangenehmen und auch zu bedrohlichen Nebenwirkungen. Als Alternative zu den genannten Medikamenten werden seit einigen Jahren, wegen der allgemein unkomplizierten Anwendung und der guten Steuerbarkeit, der Kalziumantagonist Nifedipin als oral anwendbare Substanz oder der Alphablocker Ebrantil für die parenterale Applikation als Mittel der ersten Wahl bevorzugt. Unter Berücksichtigung kardiovaskulärer Komplikationen bei der hypertensiven Krise, wie akuter Linksherzinsuffizienz, Lungenödem, Angina pectoris oder drohender Myocardinfarkt, bietet sich jedoch auch das Nitroglycerin als ideales Notfallmedikament an. Neben den bekannten Wirkungsmechanismen der Nitrate mit Erweiterung der postkapillaren Gefäßstrecke, mit Verminderung des venösen Rückstromes, Senkung des Pulmonalkapillardruckes und Verminderung des enddiastolischen Druckes im linken Ventrikel, bewirken sie auch eine Erweiterung der großen arteriellen Gefäße, die zu einem Absinken von Blutdruck, Nachbelastung, Herzarbeit und myocardialem Sauerstoffverbrauch führt.

Die antihypertensive Wirkung von Nitroglycerin bei der hypertensiven Krise wurde erstmals auf dem zweiten Nitroglycerin-Symposion in Hamburg im Jahre 1979 von Herrn Rupp vorgetragen [8]. Sowohl mit oraler als auch parenteraler Applikation ließ sich eine gut steuerbare, behutsame und ausreichende Senkung des krisenhaft erhöhten Blutdruckes erzielen. Da aber immer noch in der allgemeinen ambulanten Therapie der hypertensiven Krise, speziell in der Praehospitalphase, die sublinguale Gabe von Nifedipin bevorzugt eingesetzt wird, bot sich eine Vergleichsstudie mit Nitroglycerin, ebenfalls in sublingualer Applikationsform, an. Zuvor wurde zur Feststellung äquipotenter Dosen von Nitroglycerin und Nifedipin eine Fünffach-Cross-over-Studie mit steigenden Dosen von Nifedipin und Nitroglycerin durchgeführt [6]. Nachdem sich zwischen 10 mg Nifedipin und 1,2 mg Nitroglycerin (Nitrolingual® forte) statistisch ein gutes Maß an Übereinstimmung bot, wurde die antihypertensive Wirksamkeit und Verträglichkeit von Nitrolingual® forte bei der Behandlung des exzessiven Bluthochdruckes mit oder ohne klinische Zeichen in einer multizentrischen, offen randomisierten Studie versus Nifedipin durchgeführt.

Methodik

Diese Studie wurde in fünf klinischen Zentren durchgeführt: Bussmann (Koord.), Nast, Kenedi, von Mengden und Rachor. Die Untersuchung erfolgte an insgesamt 40 Patienten im Alter von 46–85 Jahren, die als Einschlußkriterien einen systolischen Blutdruck von mindestens 185 mm Hg und einen diastolischen Blutdruck von mindestens 105 mm Hg aufweisen mußten. Der Blutdruck lag bei Aufnahme in die Studie systolisch im Mittel bei 210,5 mm Hg und diastolisch im Mittel bei 115,3 mm Hg. Der Anteil der Männer betrug 37,5%, der der Frauen 62,5%. Die mediane Dauer der Hypertonie lag bei 9 Jahren, und bei 47,5% der Patienten war ein exzessiver Hochdruck in der Anamnese bekannt.

In jedem Zentrum wurden 8 Patienten beteiligt, und zwar wurden 4 Patienten mit einer kardialen und/oder zerebralen Symptomatik unter dem Begriff „Hypertensive Krise" der Gruppe A und 4 Patienten mit exzessiver Blutdrucksteigerund ohne klinische Symptomatik der Prüfgruppe B zugeordnet. Innerhalb der Gruppe A und B wurden je 2 Patienten in randomisierter Folge mit Nifedipin in der Dosierung von einer Kapsel à 10 mg und mit Nitroglycerin in Form von Nitrolingual forte® in der Dosierung mit einer Kapsel à 1,2 mg behandelt. Die Nifedipin Kapsel wurde zerbissen und der Kapselinhalt unmittelbar danach mit wenig Flüssigkeit geschluckt. Die Nitroglycerinkapsel wurde ebenfalls zerbissen, und der Patient ließ den Kapselinhalt in der Mundhöhle einwirken.

Vor sowie 3 Minuten, 5 Minuten und 10 Minuten nach der Applikation der Kapsel wurden Blutdruck, Herzfrequenz sowie die kardiale und zerebrale Symptomatik erfaßt. Sofern 10 Minuten nach der ersten Applikation keine Normalisierung des Blutdruckes erreicht worden ist, wurde eine zweite Anwendung der Prüfmedikation vorgesehen. Die Zweitanwendung beinhaltete eine Doppeldosierung, d.h., bestand die Erstanwendung aus Nitrolingual® forte, so erhielt der Patient als Zweitanwendung wiederum Nitrolingual® forte. Es erfolgten weitere Kontrollen 13, 15, 20, 45, 60 Minuten sowie 1 Std. und 2, 4 und 6 Std. nach der ersten Applikation.

Als Zielparameter galten der systolische und der diastolische Blutdruck sowie in der Prüfgruppe A die kardiale und/oder zerebrale Symptomatik der Hochdruckkrise.

Die statistische Auswertung erfolgte nach dem Chi-Quadrat-Test, dem t-Test für verbundene Stichproben und mit Varianzanalysen für repeated measures.

Ergebnisse

In 27 Fällen lag eine Einweisung des Patienten in die Klinik vor, und in 13 Fällen handelte es sich um stationäre Patienten. In 17 Fällen war die einmalige Applikation ausreichend, wobei 10 Patienten Nitrolingual und 7 Patienten Nifedipin erhielten. Eine zweite Applikation nach 10 Minuten war in 10 Fällen der Nitrolingual-Gruppe und in 13 Fällen der Nifedipin-Gruppe erforderlich.

Nach der ersten Anwendung von Nitrolingual® forte wurde im Mittel eine Abnahme des systolischen Blutdruckes von 210,9 mm Hg über 180,1 mm Hg nach 3 Minuten auf 168,5 mm Hg nach 10 Minuten beobachtet. Zu einer schwächeren, initialen Senkung des systolischen Blutdruckes kam es unter Nifedipin von 210,2 mm Hg über 196,9 mm nach 3 Minuten auf 174,3 mm Hg nach 10 Minuten (Abb. 1). Hiernach wurde unter Nitrolingual® forte eine initial

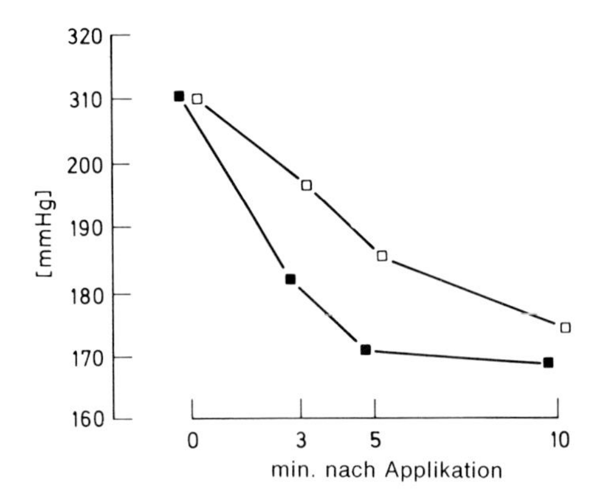

Abb. 1 Mittelwerte des systolischen Blutdrucks bis 10 min nach Applikation von Nitrolingual® forte bzw. Nifedipin

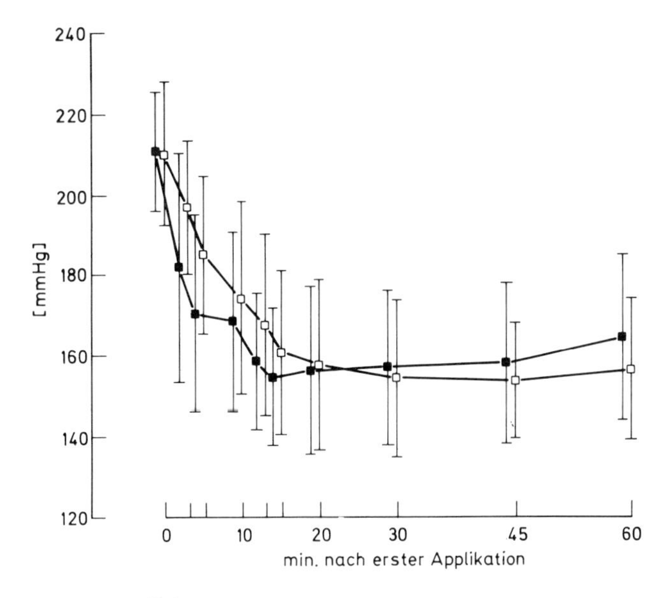

Abb. 2 Mittelwerte und Standardabweichungen des systolischen Blutdrucks bis 60 min nach Applikation von Nitrolingual® forte bzw. Nifedipin

signifikant stärkere Senkung des systolischen Blutdruckes beobachtet als unter Nifedipin, was durch den Test auf Parallelität der Verlaufskurven entsprechend bestätigt werden konnte (Abb. 2). Der diastolische Blutdruck nahm in beiden Präparategruppen parallel ab, und zwar unter Nitrolingual® forte im Mittel von 112,4 mm Hg auf 94,8 mm Hg, unter Nifedipin von 118,3 mm Hg auf 99,5 mm Hg nach 10 Minuten. Für die Herzfrequenz wurden keine auffälligen Veränderungen nachgewiesen.

Nach der zweiten Applikation von Nitrolingual® forte (Nitrolingual® forte: N = 10, Nifedipin: N = 13) fand sich erneut eine stärkere Senkung des systolischen Blutdruckes in der Nitrolingual-Gruppe. Darüber hinaus nahm auch der diastolische Druck 3 Minuten nach der Applikation stärker ab. Insgesamt blieben die Unterschiede für den systolischen und diastolischen Blutdruck allerdings statistisch grenzwertig.

Während für die noch anhaltende, blutdrucksenkende Wirkung bis zu einer Stunde nach der ersten Applikation zwischen Nitrolingual® forte und Nifedipin

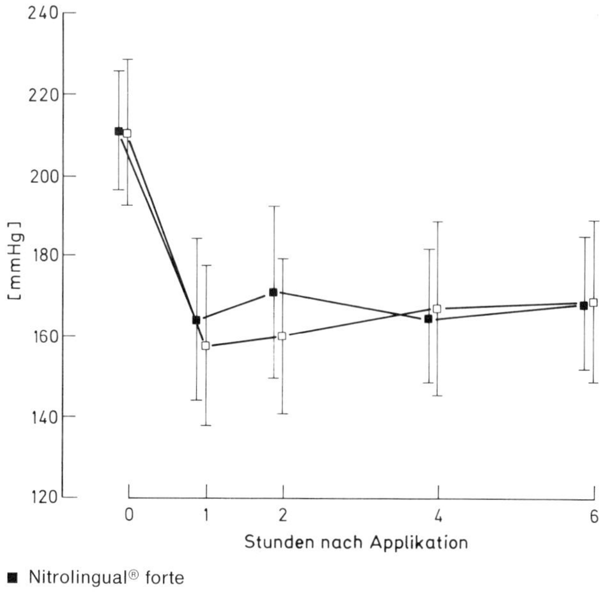

Abb. 3 Mittelwerte und Standardabweichungen des systolischen Blutdrucks bis 6 Stunden nach Applikation von Nitrolingual® forte bzw. Nifedipin

in beiden Prüfgruppen keine auffälligen Unterschiede nachgewiesen werden konnten, waren eine Stunde und zwei Stunden nach der Applikation tendenziell stärkere, aber statistisch nicht signifikante Abnahmen des systolischen Blutdruckes unter Nifedipin zu beobachten. Schließlich wurden im Verlauf bis zu 6 Stunden keine signifikanten Unterschiede zwischen beiden Gruppen ermittelt (Abb. 3).

Hinsichtlich der Beeinflussung kardialer und zerebraler Symptome bei der hypertensiven Krise wurden zwischen den beiden Prüfgruppen keine wesentlichen Unterschiede in bezug auf eine Besserung der Symptome beobachtet.

Unerwünschte Arzneimittelwirkungen traten in 2 Fällen nach Nitrolingual® forte und in 4 Fällen nach Nifedipin auf. Insgesamt gesehen, waren die Beurteilungen für die antihypertensive Wirksamkeit und Verträglichkeit für beide Präparate vergleichbar gut.

Zusammenfassung

Die vorliegenden Ergebnisse weisen die therapeutisch immer noch wenig genutzte, gute blutdrucksenkende Wirkung von Nitroglycerin bei der hypertensiven Krise und bei exzessiver Blutdrucksteigerung nach. Insgesamt hat Nitroglycerin im Vergleich zu Nifedipin intitial einen stärkeren, antihypertensiven Effekt, was natürlich dem angestrebten Therapieziel entgegenkommt, den Blutdruck so schnell wie möglich zu senken. Dabei wird in Übereinstimmung mit den Ergebnissen anderer Autoren der systolische Blutdruck stärker gesenkt als der diastolische [2,8], wobei der Haupteffekt in den ersten 10 Minuten registriert wurde, der bemerkenswerterweise bis zu 6 Stunden anhielt. Die gute Blutdrucksenkung unter Nitroglycerin wird nicht allein durch die direkte Wirkung auf die peripheren Widerstandsgefäße und damit durch die Senkung der Nachlast bewirkt, sondern auch durch die gleichzeitige Erweiterung der peripheren Kapazitätsgefäße mit Vergrößerung des venösen Poolings, wodurch das Blutangebot an das Herz bzw. die Vorlast des Herzens reduziert wird. Entsprechend nehmen Herzfüllung, myocardiale Wandspannung sowie Schlagvolumen ab, der Blutdruck wird gesenkt [3,7]. Nitroglycerin bietet gegenüber Nifedipin den Vorteil, die drohende Gefahr einer akuten Linksherzinsuffizienz oder eines Lungenödems rasch zu begrenzen und bei bestehender, koronarer Herzerkrankung einen Angina pectoris-Anfall oder gar einen Myocardinfarkt zu verhindern. Daher sollte die Therapie mit Nitroglycerin sublingual in der Dosis von 1,2 mg Nitrolingual® forte schon in der ambulanten Notfallversorgung, vor der Klinikeinweisung, eingeleitet werden.

Literatur

[1] Aken von, H. et al.: Hochdruckkrise – Lebensbedrohliche Komplikationen erfordern rasches Handeln. Intensiv Care. *9* (1983) 123.
[2] Bussmann, W. D., J. Vachalowa, M. Kaltenbach: Die Wirkung von Nitroglycerin beim akuten Myocardinfarkt. Dtsch. Med. Wschr. *14* (1975) 749.
[3] Hagemann, K., B. Niehus, G. Arnold et al.: Intravasales Volumen und Strömungswiderstand des großen und kleinen Kreislaufs unter Wirkung von Nitroglycerin. Verhandlungen Deutsche Gesellschaft für Kreislaufforschung *39* (1973) 243.
[4] Klaus, D.: Akute hypertensive Encephalopathie. Diagnostik und Therapie. Intensiv. med. 20 (1983) 45.
[5] Lang, R., W. Kaufmann: Prinzipielle Diagnostik bei Hochdruckkrankheit. Intensiv. med. *20* (1983) 199.

[6] Nast, H. P.: Hypertensive Krise: Nitroglycerin oder Nifedipin – Kapseln geben? Therapiewoche *38* (1986) 3896.
[7] Raff, W. K., W. Lochner: Wirkungsmechanismus von Nitroglycerin. Med. Klin. *25* (1974) 1100.
[8] Rupp, M., H. Scherrer, H. P. Lutz et al.: Nitroglyzerin bei hypertensiver Krise. In: Zweites Hamburger Nitroglycerin-Symposion 1979, S. 87. Pharmazeutische Verlagsgesellschaft, München 1979.

Die Behandlung von Nierenkoliken mit Glyceroltrinitrat

M. Kriegmair, A. Hofstetter

Einleitung

Die Standardtherapie kolikartiger Schmerzen bei der Nephrolithiasis wurde seit Jahren mit metamizolhaltigen Kombinationspräparaten durchgeführt. Durch den Zulassungsstop des BGA für metamizolhaltige Kombinationspräparate wurde die Diskussion hinsichtlich alternativer Therapiemöglichkeiten erneut entfacht [1]. Randomisierte Vergleichsstudien liegen zu dieser Problematik bisher nicht vor. Der Einsatz von Opioiden sollte *schwersten* Schmerzzuständen vorbehalten bleiben und kann erst nach gesicherter Diagnose zum Einsatz kommen. Ansonsten besteht die Gefahr, Schmerzzustände, ausgelöst durch ein akutes Abdomen, zu kaschieren. Die weitere Differentialdiagnostik, die sich vor allem auf die klinische Untersuchung stützt, würde durch einen frühzeitigen Einsatz von Opioiden verfälscht werden. Die Prostaglandinsynthesehemmer und Antirheumatika wie Diclofenac-Natrium haben sich zur Rezidivprophylaxe rezidivierender Harnleiterkoliken bewährt. Sie sind jedoch beim akuten Schmerzereignis auf Grund des verzögerten Wirkungseintrittes weniger geeignet. Die Harnleiterkolik ist primär als Dehnungsschmerz zu interpretieren. Aus dieser Sicht wäre ein Spasmolytikum mit raschem Wirkungseintritt wünschenswert. Als solches hat sich Nitroglycerin seit Jahren zur Behandlung der Koronaren Herzkrankheit bewährt. Nitroglycerin bewirkt nach intrazellulärer Umwandlung zu Nitrosothiol den extrazellulären Kalziumausstrom. Durch die Reduktion der intrazellulären Kalziumkonzentration wird die Relaxation der glatten Muskulatur bewirkt. Diese spasmolytische Therapie wirkt nicht nur an den Gefäßsystemen sondern auch auf die glatte Muskulatur des Ureters und kann hier, wie klinisch experimentelle Untersuchungen von Dunzendorfer gezeigt haben, zu einer deutlichen Steigerung der Druck- und Schmerztoleranz bei introgener Dilatation führen [2].

Vergleichbar wird Glyceroltrinitrat seit Jahren erfolgreich als Spasmolytikum bei Gallenkoliken und zur Prämedikation bei der ERCP eingesetzt [3].

Vor diesem Hintergrund erschien es uns gerechtfertigt, Glyceroltrinitrat auch bei Harnleiterkoliken einer klinischen Prüfung zu unterziehen. Eine vorausgegangene Dosisfindungsstudie von Dunzendorfer hatte gezeigt, daß ein ausreichender spasmolytischer Effekt mit den aus der Kardiologie bekannten Dosierungen nicht zu erreichen ist [2]. 0,8 und 1,2 mg Glyceroltrinitrat parenteral injiziert erwiesen sich als ineffektiv. Auch mit 1,6 mg konnte nur eine geringe Schmerzlinderung erreicht werden. Erst nach Steigerung der Dosis auf 2,4 mg ließ sich die Schmerzintensität um mehr als die Hälfte ihres durchschnittlichen Ausgangswertes reduzieren.

Im Dezember 1987 haben wir mit einer offenen, randomisierten, klinischen Prüfung mit Nitrolingual® forte Kapseln versus Nitrolingual®-Spray versus Nitro Pohl® infus, versus Butylscopolamin i. v. begonnen. Ziel der Prüfung war es festzustellen, inwiefern sich eine Therapie mit Glyceroltrinitrat hinsichtlich Effektivität und Toxizität vergleichen läßt mit einer Standardtherapie und welche Applikationsform — Spray, Kapseln oder i. v.-Injektion — als optimal anzusehen ist.

Patienten und Methodik

Insgesamt wurden 80 Patienten einer Blockrandomisierung unterzogen. Die einzelnen Therapiegruppen schlossen jeweils 20 Patienten ein. Ein Patient aus der Butylscopolamin-Gruppe mußte ausgeschlossen werden, da eine zweimalige Randomisierung desselben Patienten erfolgt war. Für das Gesamtkollektiv ergab sich ein Durchschnittsalter von 51,2 Jahren; der jüngste Patient war 22, der älteste Patient 80 Jahre alt. 61% der Patienten waren Männer, 39% Frauen. In 32% lag eine Harnleiterkolik nach ESWL vor, in 68% erfolgte die Therapie auf Grund einer akuten spontanen Harnleiterkolik. In 16,5% lag ein Nierenstein als Grunderkrankung vor, in 83,5% ein Harnleiterstein. 57,5% der Patienten wurden bei einer Rezidivkolik therapiert, zwischen den Prüfgruppen bestand hinsichtlich der demographischen und anamnestischen Daten kein statistisch auffälliger Unterschied.

Die Graduierung der Harnleiterkolik erfolgte in leicht, mittelschwer und extrem. Leichte und mittlere Harnleiterkoliken fanden sich vor allem in den Prüfgruppen mit Nitrolingual® Kapseln und Butylscopolamin, schwere Harnleiterkoliken hatten ein Übergewicht in den Prüfgruppen Nitrolingual®-Spray und Nitro Pohl® infus. In dieser Gruppe fanden sich auch drei extrem schwere Koliken, die in den Vergleichsgruppen nicht vorlagen.

Die Dosierungen betrugen für Nitrolingual® forte Kapseln 1 × 2 Kapseln à 1,2 mg Nitroglycerin, für Nitrolingual®-Spray 1 × 6 Hübe à 0,4 mg Nitroglycerin, für Nitro Pohl® infus 1 × 2,4 ml entsprechend 2,4 mg Nitroglycerin und für Butylscopolamin 1 × 1 Amp. à 1 ml entsprechend 20 mg. Die intravenöse Applikation von 2,4 mg Nitroglycerin erfolgte über einen Zeitraum von mindestens 5 Minuten.

Parameter der Evaluierung war die Beurteilung des Behandlungserfolges 30 Minuten nach Applikation in Form von gut, mäßig und erfolglos. Als gut wurde der Behandlungserfolg bei völliger Schmerzfreiheit eingestuft, war Restschmerz vorhanden, wurde dies einem mäßigen Erfolg zugeordnet, war eine Therapie mit anderen Medikamenten innerhalb von 30 Minuten post applikationem notwendig, so wurde die Therapie als erfolglos bezeichnet.

Weiterhin erfaßt wurden die Rezidivfrequenzen innerhalb der ersten 24 Stunden nach Applikation, die Vitalparameter, systolischer und diastolischer Blutdruck, Herzfrequenz und die Körpertemperatur sowie alle unerwünschten Arzneimittelwirkungen.

Ergebnisse

Hinsichtlich der Schmerzbeeinflussung wurden nur leichte Unterschiede zwischen den Prüfgruppen beobachtet, die insgesamt statistisch unauffällig blieben (Abb. 1). Eine gute und mittlere Schmerzbeeinflussung wurde durch Nitrolingual® forte Kapseln in 85% durch Nitrolingual®-Spray in 80%, für Nitro Pohl® infus in 95% und für Butylscopolamin in 89,5% festgestellt, wobei ein relativ hoher Patientenanteil mit nur mäßiger Schmerzbeeinflussung auffällt (63%). Die Unterschiede zwischen den Gruppen hinsichtlich der Schmerzbeeinflussung blieben sowohl für leichte und mittlere als auch für schwere, extreme Koliken statistisch unauffällig. Die besten Resultate wurden für Nitro Pohl® infus erzielt, zumal diese Gruppe 3 extrem schwere Koliken enthielt.

Die Anwendung weiterer therapeutischer Maßnahmen innerhalb von 30 Minuten post applikationem bei Restschmerz differierte ebenfalls nicht signifikant. In 30% der Fälle kamen bei Nitrolingual® forte Kapseln weitere Analgetika und Spasmolytika zum Einsatz. Für Nitrolingual®-Spray, Nitro Pohl® infus und für Butylscopolamin betrug die Häufigkeit einer weiteren therapeutischen Maßnahme 35,30 und 47%. Bei leichten bis mittleren Koliken bestanden keine Unterschiede hinsichtlich der Notwendigkeit weiterer Therapiemaßnahmen. Bei schweren bis extremen Koliken bestanden statistisch auffällige Unterschiede.

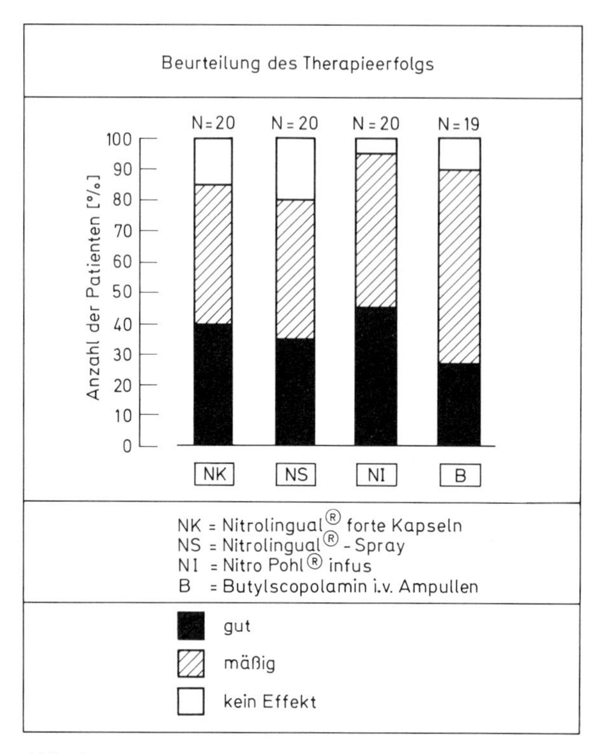

Abb. 1

Nach Nitrolingual® forte Kapseln und Butylscopolamin mußte in allen Fällen ein weiteres Medikament eingesetzt werden.

Die Rezidive der Harnleiterkoliken innerhalb von 24 Stunden post applikationem differierten nicht signifikant. Sie wurden für Nitrolingual® forte Kapseln und für Nitro Pohl® infus in 42% der Fälle, für Nitrolingual®-Spray in 25% und für Butylscopolamin in 26% der Fälle beobachtet.

Zwischen den Nitro-Prüfgruppen bestanden lediglich leichte, statistisch nicht signifikante Unterschiede in Bezug auf die Blutdruckwerte. Die maximale Abnahme des systolischen Blutdrucks innerhalb der ersten halben Stunde nach Applikation betrug für Nitrolingual® forte Kapseln und Spray jeweils ca. 21, für Nitro Pohl® infus 29,5 mm Hg und für Butylscopolamin 9,7 mm Hg.

Die Unterschiede gegenüber Butylscopolamin waren für alle Nitroglycerin-Gruppen signifikant. Auch die maximale Abnahme des diastolischen Blutdrucks innerhalb der ersten halben Stude post applikationem war für die Nitroglycerin-

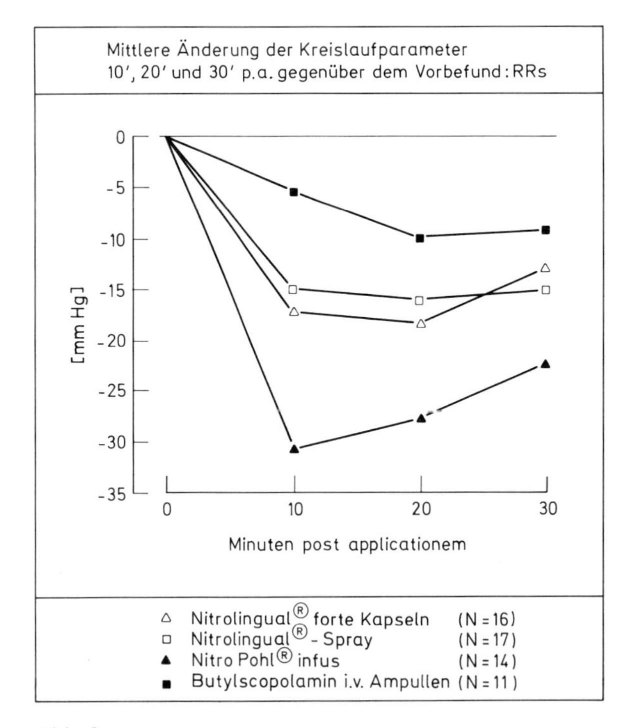

Abb. 2

prüfgruppe gegenüber der Butylscopolamin-Gruppe statistisch signifikant (9–12 mm Hg maximale Abnahme des diastolischen Blutdrucks in den Nitroglycerin-Prüfgruppen versus 4,5 mm Hg in der Butylscopolamin-Gruppe).

Abb. 2 zeigt die mittlere Änderung der Kreislaufparameter 10, 20 und 30 Minuten nach Applikation der Prüfsubstanzen.

Die Pulsfrequenzen nahmen in allen vier Gruppen leicht zu, die Unterschiede blieben unauffällig. Zwischen den Prüfgruppen bestanden auch keine auffälligen Unterschiede in Bezug auf die Laborparameter. Im Gesamtkollektiv wurde eine Abnahme der Leukozyten und eine Abnahme des Kreatinins registriert, was als Folge der weiteren Behandlung der Nephrolithiasis zu erklären ist.

Die Frequenzen der unerwünschten Arzneimittelwirkungen differierten statistisch auffällig. Bei Nitrolingual® forte Kapseln wurde dies in 15%, bei Nitrolingual®-Spray in 40%, bei Nitro Pohl® infus in 25% und bei Butylscopolamin in 5,3% der Fälle gefunden.

Tabelle 1 Nebenwirkungen

Symptome	Nitrolingual® forte Kapseln	Nitrolingual®-Spray	Nitro Pohl® infus	Butylscopolamin i. v.
Schwindel	3	3	5	
Kopfschmerzen		4		
Hypotonie		1	2	
Übelkeit			2	1
Erbrechen			2	
Hitzgefühl/Flush		2		
Kribbeln			1	

Bei parenteraler Anwendung von Nitroglycerin wurden die häufigsten Nebenwirkungen festgestellt (Tab. 1). Ein Abfall des systolischen Blutdrucks unter 80 mm Hg in einem Fall mußte als intolerabel eingestuft werden. Bei Anwendung von Nitrolingual®-Spray standen Kopfschmerzen, Schwindel und Hitzegefühl im Vordergrund. Unter Berücksichtigung von Mehrfachnennungen wurden diese insgesamt zehnmal beobachtet. Im Gegensatz hierzu stehen nur drei Schwindelepisoden bei Anwendung von Nitrolingual® forte Kapseln, so daß hinsichtlich der unerwünschten Arzneimittelwirkungen den Nitrolingual® forte Kapseln der Vorzug zu geben ist.

Diskussion

Nitroglycerin ist ein seit Jahren erfolgreich zur Behandlung der koronaren Herzkrankheit eingesetztes Spasmolytikum. Der intrazelluläre Angriffspunkt von Nitroglycerin ist nach Umwandlung zu einem Nitrosothiol die Kalziumkonzentration [4]. Durch Beschleunigung des Ausstroms in den Zellulärraum wird diese intrazellulär gesenkt, hierdurch kommt es zur Erschlaffung der glatten Muskulatur. Diese Spasmolyse wirkt nicht nur auf das Gefäßsystem, sondern auch auf die glatte Muskulatur des Harnleiters und kann hier zu einer deutlichen Druckreduktion der Ureterwand führen, was letzlich zu einer Reduktion der über die Dehnungsrezeptoren vermittelten Schmerzsymptomatik führt [2].

Deshalb war die klinische Prüfung von Glyceroltrinitrat bei der Kolik des oberen Harntraktes gerechtfertigt, insbesondere, wenn diese im randomisierten Vergleich gegen eine Standardtherapie durchgeführt wurde. Eine weitere Ratio für diese klinische Prüfung ergibt sich aus dem umstrittenen Einsatz Metamizol-haltiger

Kombinationspräparate, die, wenn auch in sehr geringem Maße, mit letalen Komplikationen behaftet sein können.

Ein Ziel dieser Studie war es zu klären, inwiefern sich Nitroglycerin in seiner Effektivität vergleichen läßt mit einer Standardtherapie. Nitroglycerin hat sich als effektiv im klinischen Einsatz gegenüber Butylscopolamin in allen drei unterschiedlichen Applikationsformen (Nitrolingual® forte Kapseln, Nitrolingual®-Spray, Nitro Pohl® infus) erwiesen.

In über 90% war eine gute und mäßige Schmerzbeeinflussung möglich gewesen. Bei initialer Behandlung mit Butylscopolamin war in 26,3% eine volle Schmerzfreiheit zu erzielen gewesen, für Glyceroltrinitrat lagen die Werte zwischen 35 und 45%.

Ein mäßiger Therapieeffekt war in den Nitroglycerin-Gruppen zwischen 45 und 50% der Fälle zu verzeichnen, gegenüber in 62,3% in der Butylscopolamin-Gruppe. Bei mäßigem Effekt war in den Nitroglycerin-Gruppen zwischen 30 und 50% eine weitere Therapie erforderlich. Bei den Butylscopolamin-behandelten Patienten war dies nahezu in allen Fällen notwendig.

Auffällig ist der relativ geringe Anteil der primär vollständig schmerzfreien Patienten der Butylscopolamin-Gruppe sowie der relativ hohe Anteil an Patienten mit teilweisem Therapieerfolg, welcher in über der Hälfte der Patienten eine Zusatztherapie erforderlich machte.

Zwischen den einzelnen Applikationsarten des Glyceroltrinitrates zeigten sich hinsichtlich der Effektivität, initiale Schmerzbeeinflussung, Restschmerz, zusätzliche Therapiemaßnahmen und Rezidivfrequenzen keine statistisch signifikanten Unterschiede. Berücksichtigt man jedoch die Zusammensetzung der Nitro Pohl® infus-Prüfgruppe mit vorwiegend starken und extremen Koliken, so kann eine Überlegenheit der intravenösen Applikation von Nitroglycerin vermutet werden. Die Frequenzen unerwünschter Arzneimittelwirkungen in den Nitroglycerin-Prüfgruppen differieren statistisch zwar auffällig gegenüber der Butylscopolamin-Kontrollgruppe, waren jedoch mit Ausnahme einer Hypotonie tolerabel.

Glyceroltrinitrat hat sich in einem randomisierten Vergleich gegen eine Standardtherapie als effektiv erwiesen zur Behandlung von Koliken des oberen Harntraktes. 2,4 mg Nitroglycerin sind hinsichtlich der Schmerzbeeinflussung 20 mg Butylscopolamin äquivalent. Auf Grund der, gegenüber der Butylscopolamin-Gruppe nur geringgradig erhöhten, unerwünschten Arzneimittelwirkungsrate der Nitrolingual® forte Kapseln würden wir die Behandlung in dieser Applikationsform bevorzugen.

Die Therapie mit Glyceroltrinitrat stellt unseres Erachtens eine Erweiterung der therapeutischen Behandlungsmöglichkeiten der Harnleiterkolik dar. Zukünftige klinische Untersuchungen sollten ihr Augenmerk vor allem auf die Kombination von Glyceroltrinitrat mit anderen Substanzen richten, welche geeignet sind, die Wirksamkeit und Dauerhaftigkeit der Spasmolyse zu verlängern. In der initialen Behandlung der Harnleiterkolik wäre ggf. die Kombination mit einem zentral wirksamen Analgetikum von Interesse. Möglicherweise ließe sich durch die genannten Kombinationen die relativ hohe Konzentration von 2,4 mg Glyceroltrinitrat reduzieren.

Literatur

[1] BGA-Mitteilung vom 27. 04. 1987 über das Ruhen der Zulassung von Kombinationspräparaten aus Metamizol und Spasmolytika bis zum 31. 12. 1988. Pharmazeutische Zeitung *132* (1987) Nr. 18.

[2] Dunzendorfer, U.: Zur Frage der Harnleiterspasmolyse durch Glyceroltrinitrate. In: H. Roskamm (Hrsg.): Nitroglycerin VI, Walter de Gruyter, Berlin – New York 1989.

[3] Kowalski, M.: Nitroglycerin bei Gallenkolik und spastischen Schmerzen der Gallenwege. Ärztl. Praxis *16* (1964) 1759.

[4] Sorkin, E. M., R. N. Brogden, I. A. Romankiewicz: Interavenous glyceroltrinitrate (nitroglycerin). A review of its pharmacological properties and therapeutic efficancy. Drugs *27* (1984) 45.

Glyceroltrinitrat (Sublingualspray) als Spasmolytikum bei Gallenkoliken – erste klinische Erfahrungen

M. Staritz

Einleitung

Gallenwegskoliken zählen zu den häufigsten, klinisch schwerwiegenden und für den Patienten schmerzhaften Symptomen der Cholezystolithiasis. Da die Cholezystolithiasis bei etwa 2,7 Millionen Gallensteinträgern in der Bundesrepublik zu den häufigsten Erkrankungen zählt, wird davon ausgegangen, daß pro Jahr etwa 1 Million Patienten von einer Kolik betroffen sind.

Zur Behandlung dieses, im allgemeinen zwar für den Patienten wenig gefährlichen, jedoch hochschmerzhaften Ereignisses, steht derzeit nur ein potentes und seit Jahren bewährtes Spasmolytikum (Butylscopolaminbromid) zur Verfügung.

Da dieses enteral praktisch nicht resorbiert wird, ist die Gabe als Tablette oder Suppositorium nur von geringer Wirksamkeit. Bei einer Gallenkolik ist die intravenöse Gabe daher meist unerläßlich. Zu dieser Maßnahme jedoch ist der betroffene Patient nicht in der Lage, so daß die Schmerzlinderung erst mit Eintreffen des herbeigerufenen Notarztes oder Hausarztes erzielt werden kann.

Von hoher klinischer Bedeutung wäre es daher, eine spasmolytisch wirksame Substanz zu identifizieren, die zur Selbstmedikation geeignet und ohne Injektion anwendbar ist.

Frühere Untersuchungen [4] konnten zeigen, daß Glyceroltrinitrat eine starke relaxierende Wirkung auf die glatte Muskulatur aufweist. Dieses gilt nicht nur für die glatte Muskulatur der Gefäße, weshalb die Substanz bei koronar erkrankten Patienten, bei arterieller Hypertension und bei Lungenödem als Erstmedikation etabliert ist, sondern auch für die glatte Muskulatur des Gastrointestinaltraktes. So konnte gezeigt werden, daß Glyceroltrinitrat auch relaxierend auf die glatte Muskulatur des Gallenwegsystemes wirkt.

Ein weiterer Vorteil der Substanz besteht darin, daß diese bereits etwa eine Minute nach sublingualer Applikation die volle Wirksamkeit entwickelt [1]. Eine gute Steuerbarkeit der Substanz, deren potentielle Nebenwirkungen wie Kopfschmerzen und Kreislaufhypotension bekannt sind, ist durch den first-pass-Mechanismus der Substanz durch die Leber gewährleistet, welcher dazu führt, daß der klinisch wirksame Medikamentenspiegel einer einmaligen sublingualen Applikation mit einer Halbwertszeit von fünf Minuten abklingt [1].

Das Ziel einer Pilotstudie war es daher, herauszufinden, ob die sublinguale Medikation mit Glyceroltrinitrat dazu geeignet ist, Kolikschmerzen bei Cholezystolithiasis durch Selbstmedikation zu beherrschen. Es wurde eine Dosierung gewählt, welche eine ausreichende Wirksamkeit in Aussicht stellte, jedoch nach bisheriger Erfahrung nicht zu wesentlichen systemischen Nebenwirkungen führt.

Um möglichst standardisierte Bedingungen zu erzielen, wurden in die Untersuchung nur solche Patienten eingeschlossen, bei denen eine extrakorporale Stoßwellenlithotripsie unter standardisierten Bedingungen durchgeführt und ein vorhandenes Gallenblasenkonkrement in Restfragemente mit einem definierten Durchmesser von 1 – 6 mm zertrümmert wurde.

Methodik

In die Untersuchung wurden 18 Patienten eingeschlossen, bei denen eine extrakorporale Stoßwellenlithotripsie (Siemens Lithostar Plus, Siemens, Erlangen, FRG) von Gallenblasensteinen unter standardisierten Bedingungen durchgeführt worden war. Das Kollektiv war definiert (Tab. 1) hinsichtlich seiner Anzahl von Gallenblasensteinen (n = 1, Durchmesser 1 – 3 cm), der gesicherten Kontraktilität der Gallenblase sowie des sonographisch gesicherten Desintegrationserfolges der Konkremente. Die Gallenblasenkontraktilität war vor Durchführung der extrakorporalen Stoßwellenlithotripsie durch sonographische Bestimmung des Gallenblasenvolumens vor sowie 45 Minuten nach Gabe einer standardisierten Reizmahlzeit gesichert worden. Der Desintegrationseffekt des solitären Gallenblasensteines wurde derart definiert, daß nach ein bis maximal drei Lithotripsiesitzungen Restfragmente in der Gallenblase sonographisch nachzuweisen waren, deren Durchmesser nicht über 6 mm betrug. Mit den Patienten war besprochen,

Tabelle 1 Untersuchte Patienten (n = 18)

- Zustand nach ESWL
- weiblich (Alter 23 – 64 Jahre)
- gesicherte Kontraktilität der Gallenblase
- Durchmesser der Gallensteinfragmente 1 – 6 mm

daß im Falle des Auftretens von Koliken, welche bei über 30% von durch ESWL behandelten Patienten beobachtet werden [2], eine Selbstmedikation mit Glyceroltrinitrat (Nitrolingual®-Spray, Pohl-Boskamp, Hohenlockstedt, FRG) erfolgen sollte.

Die Behandlung sollte darin bestehen, daß unmittelbar aufeinanderfolgend drei Hübe Glyceroltrinitrat Spray à 0,4 mg auf die Zunge appliziert werden. Falls danach innerhalb von etwa fünf Minuten keine Schmerzlinderung zu verzeichnen war, konnte die Medikation einmal wiederholt und bei Ausbleiben des Therapieerfolges ein Suppositorium Butylscopolamin appliziert bzw. Haus- oder Notarzt benachrichtigt werden.

Ergebnisse

Während des Beobachtungszeitraumes wurden insgesamt 21 Koliken verzeichnet. Bei 19 von 21 Koliken (90%) führte die Medikation mit Nitrolingual®-Spray zur starken Verminderung der Beschwerden. Eine Wiederholung der sublingualen Applikation war bei 6 von 21 (30%) erforderlich. Bei zwei Ereignissen wurde keine Linderung der Beschwerden erzielt. Bei 6 von 21 Koliken trat innerhalb eines Zeitraumes von einer Stunde eine erneute kolikartige Schmerzsymptomatik auf (Abb. 1).

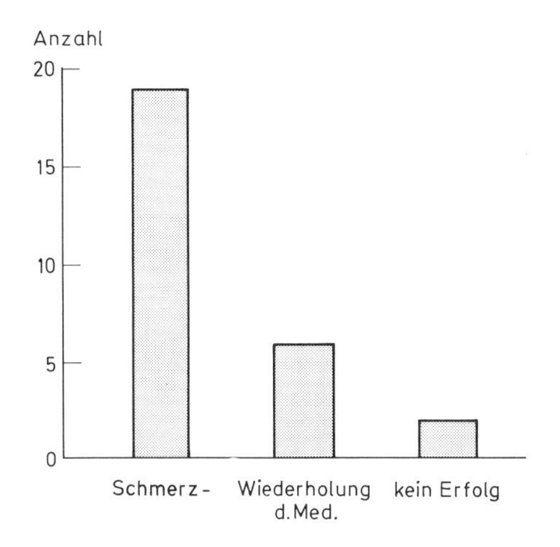

Abb. 1 Ergebnisse bei 21 Koliken

Nebenwirkungen

Klinisch relevante schwerwiegende Komplikationen wurden in keinem Fall beobachtet. Allerdings entwickelten sich Kopfschmerzen nach Applikation von Glyceroltrinitrat bei 20 von 21 Applikationen und eine Kreislaufhypotension in zwei Fällen.

Diskussion

Die Ergebnisse der ersten klinischen Erfahrung in der Anwendung von Glyceroltrinitrat bei Gallenkoliken weisen darauf hin, daß die sublinguale Applikation von Glyceroltrinitrat (Sublingual Spray) eine effektive und komplikationsarme Medikation bei Gallenkoliken darstellt. Das Ansprechen der Behandlung kann bei bis zu 90% der Patienten erwartet werden, eine Steigerung der Dosis ist bei etwa einem Drittel der Patienten erforderlich.

Allerdings müssen diese Ergebnisse mit Zurückhaltung interpretiert werden, da die Erfahrungen nur an einer begrenzten Anzahl von Koliken erzielt wurden. Eine weitere Einschränkung besteht darin, daß der Begriff „Kolik" von den Patienten selbst definiert, der Behandlungserfolg ebenfalls von den Patienten selbst eingeschätzt und nicht nach einem aufwendigen Schmerz-score-System klassifiziert wurde. Andererseits kann davon ausgegangen werden, daß aufgeklärte Patienten die Symptomatik einer Kolik weitgehend selbständig einzuschätzen wissen und auch ohne Vorliegen einer Schmerzskala subjektiv beurteilen können, ob eine angebotene Medikation zur Besserung der Beschwerden führt.

Eine weitere Einschränkung könnte diesem Erfahrungsbericht wegen des Fehlens einer Placebo-therapierten Vergleichsgruppe auferlegt werden. Auf die Gabe einer unwirksamen Placebomedikation wurde jedoch aus ethischen Gründen verzichtet. Geeigneter erscheint hier der Vergleich mit einer bereits etablierten Medikation (Butylscopolaminbromid), deren intravenöse Applikation jedoch notwendig ist. Als nahezu obligate Nebenwirkung müssen Cephalgien akzeptiert werden, deren klinische Bedeutung jedoch weit hinter dem Gesichtspunkt zurücksteht, daß mit der Applikation von Gylceroltrinitrat eine für den Patienten jederzeit und sofort verfügbare Eigenmedikation ohne schwerwiegende Nebenwirkungen zur Verfügung steht. Die Wirkdauer der Substanz erschien bei etwa 2/3 der Patienten ausreichend, um eine weitere Koliksymptomatik zu verhindern. Da bekannt ist, daß die Halbwertszeit von Glyceroltrinitrat nur etwa fünf Minuten beträgt [1], muß angenommen werden, daß die einmalige Gabe der Substanz zu einer Lyse des Spasmus der Gallenblase führte. Der Anteil der zur Kreislaufhypotension neigenden Patienten erscheint nach Kenntnis der potentiell drucksenkenden Wirkung der Substanz relativ gering. Hierzu sollte berücksichtigt werden, daß aufgrund der Schmerzsymptomatik die meisten der Patienten eine liegende Position bevorzugten, in der eine mäßige Kreislaufhypotension seitens des Patienten wenig Beachtung finden kann. Die bisher gewonnenen Erfahrungen eröffnen neue Aspekte. Eine Erweiterung der bisherigen Erfahrungen an einer größeren Anzahl von Patienten, im Rahmen einer kontrollierten Studie, sollte die Wirksamkeit der Medikation sichern und dazu beitragen, die ideale Dosierung zu finden. Ein weiteres Ziel ist es, zu klären, ob eine weiterführende Behandlung mit einer Nitratgabe in retardierter Form das Wiederkehren der Beschwerden verhindert oder besser Analgetika appliziert werden sollten. Schließlich erscheint es klärungsbedürftig, ob durch eine konsequente prophylaktische Nitratgabe das Auftreten von Gallenwegskoliken bei bis zu 30% der mit einer ESWL behandelten Gallensteinträger verhindert werden kann.

Literatur

[1] Armstrong, P. W., J. A. Armstrong, G. S. Marks: Blood levels after sublingual nitroglycerin. Circulation *59* (1979) 585–588.

[2] Sackmann, M., M. Delius, T. Sauerbruch et al.: Shock wave lithotripsy of gallbladder stones. The first 175 patients. N. Engl. J. Med. *318* (1988) 393–397.

[3] Staritz, M.: Pharmacology of the sphincter of Oddi. Endoscopy *20* (1988) 171–174.

[4] Staritz, M., T. Poralla, K. Ewe et al.: Effect of glyceryl trinitrate on the sphincter of Oddi motility and baseline pressure. Gut. *26* (1985) 194–197.

Herztransplantation in Deutschland

R. Hetzer, M. Loebe, H. Warnecke, S. Schüler

Die Herztransplantation hat als Therapieverfahren der anderweitig nicht behandelbaren Herzinsuffizienz in den letzten Jahren weite Akzeptanz gefunden. Bis heute haben mehr als 10 000 Patienten eine Herztransplantation weltweit erfahren (Abb. 1). Die erste Herztransplantation in Deutschland wurde 1969 in der Münchner Klinik ausgeführt. Wie in den meisten anderen Ländern mißglückte dieser Versuch jedoch. Erst nach der Einführung des Medikamentes Cyclosporin wurden Herztransplantationsprogramme in Deutschland wiederaufgenommen, und zwar zunächst in München 1981 und dann anschließend 1983 in Hannover und später in Hamburg. Basierend auf den Erfahrungen der Arbeitsgruppe in Stanford unter Shumway mit Anwendung rigider Auswahlkriterien für Empfänger und verbesserter postoperativer Überwachung konnten nunmehr hervorragende Ergebnisse erreicht werden. Im Internationalen Register der Gesellschaft für Herztransplantation beläuft sich die Einjahresüberlebensrate auf 80%, und nach 5 Jahren sind noch 74% der Patienten nach Herztransplantationen am Leben (Abb. 2). Neben der heterotopen Herztransplantation wird hauptsächlich

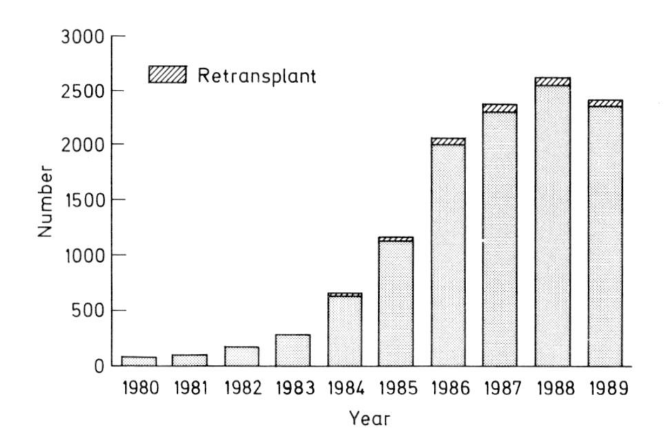

Abb. 1 Zahl der orthotopen Herztransplantationen pro Jahr. Register der Int. Soc. for Heart Transplantation. J. Heart. Transpl. *9* (1990) 323.

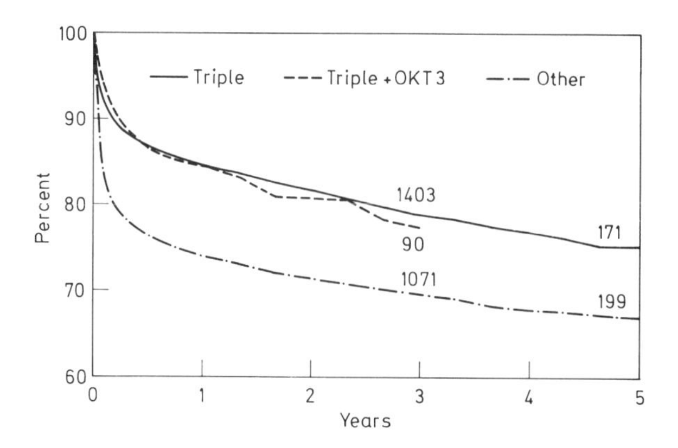

Abb. 2 Aktuarische Überlebenskurve in Abhängigkeit von der Immunsuppression. Register der Int. Soc. for Heart Transplantation. J. Heart. Transpl. *9* (1990) 323. Tripple: Steroide, Azathioprin, Cyclosporin A

die Technik der orthotopen Herztransplantation, wie sie von Shumway und Lower eingeführt und von Cooley modifiziert wurde, angewandt (Abb. 3a, b).

Unsere eigene Erfahrung basiert auf 483 Herztransplantationen seit 1983. Das Programm wurde an der Medizinischen Hochschule Hannover begonnen (72 Patienten) und wird seit Oktober 1985 am Deutschen Herzzentrum Berlin fortgeführt. Das Alter unserer Empfänger lag zwischen 3 Monaten und 68 Jahren mit einem Durchschnitt von 42,5 Jahren. Die Indikation für die Transplantation war eine dilatative Kardiomyopathie in 66% der Fälle und eine koronare Herzkrankheit in 30% der Patienten. Die weiteren Diagnosestellungen sind aus Tab. 1 zu ersehen. 78 Patienten waren ein- bis viermal voroperiert. Die Indikation zur Transplantation war in allen Fällen eine fortgeschrittene Herzinsuffizienz des Stadiums III und IV der New York Heart Association. Bei vier Patienten standen maligne Herzrhythmusstörungen mit mehrfachen Reanimationsepisoden im Vordergrund. Die Spenderorgane wurden uns praktisch ausschließlich über die Eurotransplant-Organisation zugesprochen. In jüngster Zeit wurden auch Organe in der ehemaligen DDR entnommen. Aufgrund der großen Zahl von potentiellen Empfängern, die während der Wartezeit verstarben, wurden die Spenderkriterien zunehmend erweitert, insbesondere wurden vermehrt ältere Spenderorgane akzeptiert. Das Alter der Spender lag zwischen 12 Monaten und 55 Jahren mit einem Durchschnitt von 37,8 Jahren. Vergleichende Untersuchungen zeigten, daß das Spenderalter keinen signifikanten Einfluß auf die unmittelbare und langfristige Spenderherzfunktion hatte. Alle Patienten erhielten eine

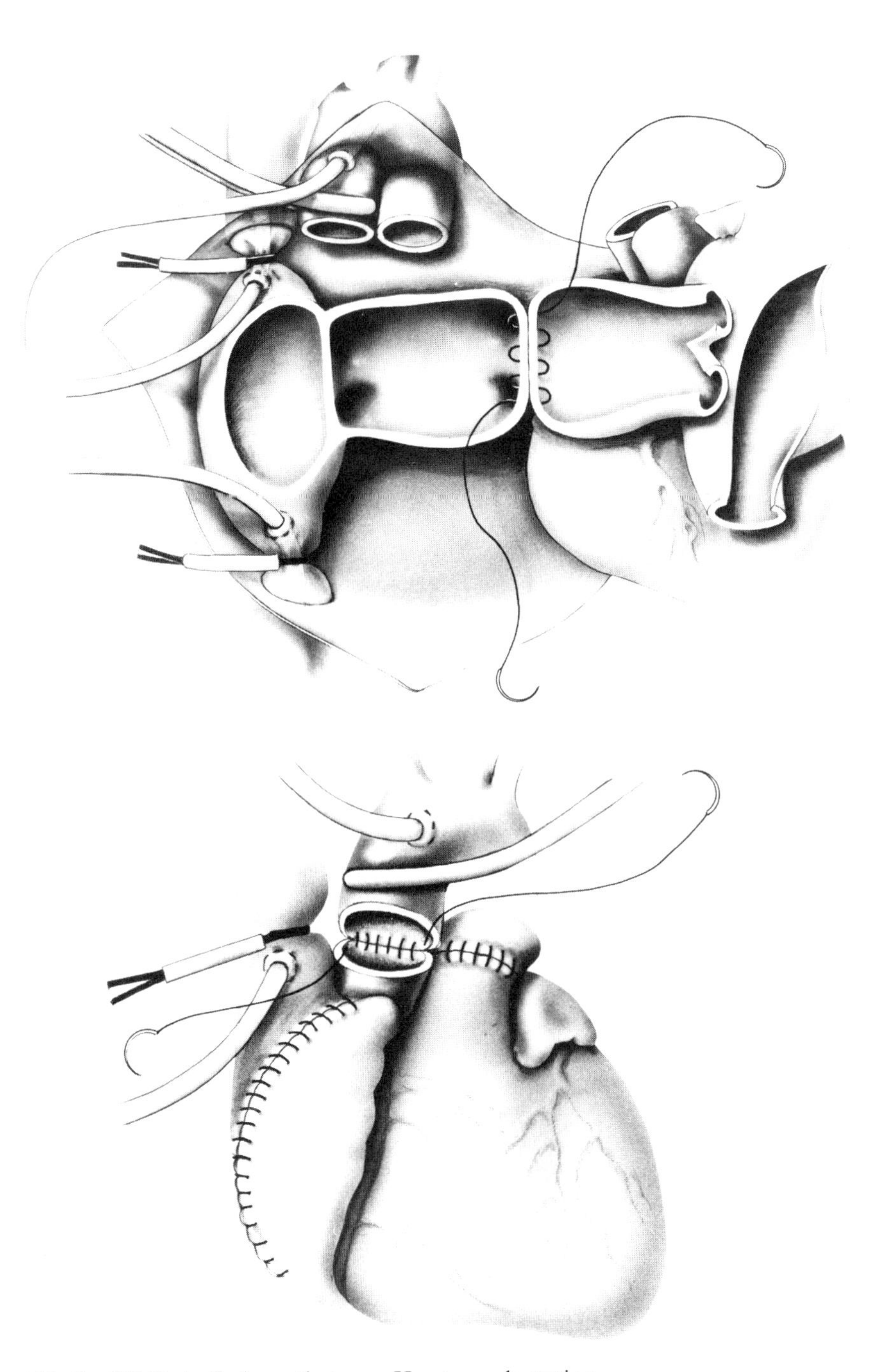

Abb. 3 OP-Technik der orthotopen Herztransplantation
a) Beginn der Implantation am linken Vorhof
b) Situs nach Implantation

Tabelle 1 Präoperative Diagnose (483 Patienten)

	Anzahl der Patienten	
Dilatative Kardiomyopathie		320
Koronare Herzkrankheit		144
– voroperiert (1 – 4 ×)	78	
Restriktive Kardiomyopathie		4
Rechts-Ventrikuläre Dysplasie		1
Herzklappenfehler		12
– Z. n AKE	6	
– Z. n. MKE	6	
Trikuspidalatresie		1
Hypoplastisches Linksherz		1

3fache immunsuppressive Therapie, die aus Azathioprin, Cyclosporin A und Steroiden bestand. Im Laufe der Jahre wurde diese Basisimmunsuppression viermal verändert. Zur Zeit erhalten die Patienten 4 mg/kg Körpergewicht Cyclosporin A unmittelbar vor der Transplantation. Die Dosis wird bis auf Blutspiegel von 600 bis 800 ng/ml erhöht und dann in der chronischen Phase nach 3 Monaten post Transplantation auf 400 bis 500 ng/ml reduziert. Eine wachsende Zahl von Patienten erhält keine Steroide mehr, insbesondere Kinder, Patienten über 55 Jahren und solche mit insulinabhängigem Diabetes oder Zeichen der fortgeschrittenen Osteoporose. Die Abstoßungsdiagnostik beruht auf der wiederholten Endomyokardbiopsie. In unserer Arbeitsgruppe entwickelten wir eine Technik der Abstoßungsüberwachung mittels eines intramyokardialen Elektrogramms, das eine tägliche Überwachung während der Schlafphasen des Patienten auch über weite Distanzen mittels Telefonübertragung ermöglicht. M-mode Echokardiographie und cytoimmunologisches Monitoring können zusätzlich zur Abstoßungsdiagnostik angewandt werden. Die nicht-invasiven Verfahren sind aber bis heute nicht in der Lage, die Endomyokardbiopsie völlig zu ersetzen. Alle Patienten werden 3 Monate und dann jährlich nach der Transplantation durch eine Herzkatheteruntersuchung mit Rechts- und Linksventrikulographie und Koronarangiographie überwacht. Während eines 5-Jahres-Beobachtungszeitraumes blieben die hämodynamischen Werte der Patienten bemerkenswert stabil mit einer leichten Tendenz zum Hypertonus, ansteigendem Afterload und einem geringen Abfall der linksventrikulären Auswurffraktion. Während in der frühen postoperativen Phase ein Versagen des Spenderorgans hauptsächlich auf ein Rechtsherzversagen infolge eines erhöhten pulmonalen Gefäßwiderstandes zurückzuführen ist, tritt bei Langzeitverlauf die akzelerierte Koronarsklerose im transplantierten Herzen in den Vordergrund (Tab. 2). 30 Patienten entwickelten eine Koronarsklerose. In einer Untersuchung der Patienten mit Koronarsklerose nach Transplantation fanden wir, daß ein Zytomegalie-Virus-Infekt einen wichtigen Risikofaktor für diesen Krankheitsvorgang darstellt. Die Inzidenz von CMV-Infekten war 66% bei den Patienten mit einer Koronarsklerose, während nur 35% der Patienten ohne Koronarsklerose einen solchen Infekt durchgemacht hatten.

Tabelle 2 Todesursachen (142 Patienten)

	Anzahl der Patienten	
Abstoßung		29
Infektion		62
Transplantatversagen		30
– akut, biventrikulär	14	
– akut, rechtsventrikulär	10	
– chronisch, Koronarsklerose	6	
Zerebrale Komplikationen		4
Andere		17

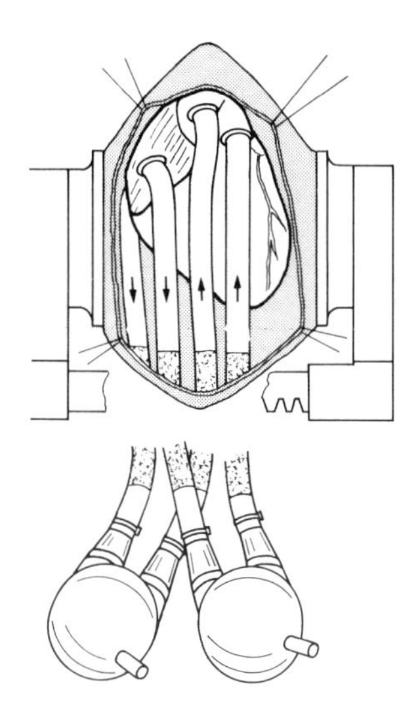

Abb. 4 Biventrikuläres Assistenzsystem. Die Schläuche liegen: rechter Vorhof, A. pulmonalis als Rechtsherzbypass, linker Vorhof und Aorta als Linksherzbypass.

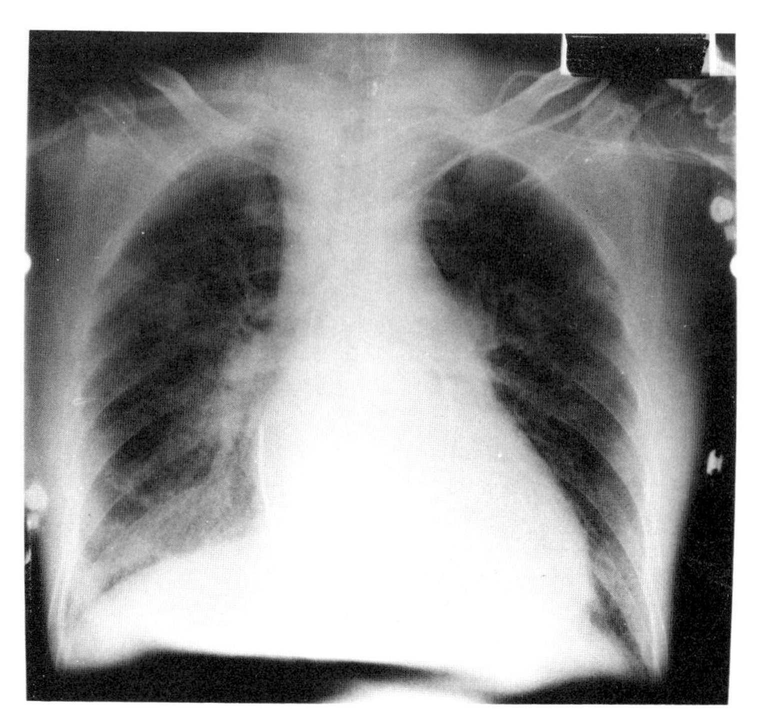

Abb. 5 Röntgen-Thorax bei Zustand nach Assistenzsystemimplantation

Die physische und psychische Rehabilitation der Patienten nach Transplantationen war ausgesprochen gut. 40% kehrten in ihren alten Beruf, in die Schule oder zu normalen häuslichen Aktivitäten zurück, 39% führen einen aktiven Ruhestand, und 21% werden in nächster Zeit voraussichtlich an ihren Arbeitsplatz zurückkehren.

Da viele potentielle Empfänger auf der Warteliste starben, haben wir seit Juli 1987 ein Programm der mechanischen Überbrückung begonnen. Hierbei haben wir sowohl das Kunstherz als auch die mechanischen Assistenzsysteme, die von der Arbeitsgruppe Bücherl in Berlin entwickelt wurden, eingesetzt (Abb. 4, 5). Bis heute wurden 31 Patienten einer mechanischen Überbrückung zugeführt, die zwischen wenigen Stunden und 53 Tagen dauerte. Von diesen Patienten verstarben 13 trotz mechanischer Kreislaufunterstützung an einer weiteren Verschlechterung ihres Krankheitsbildes bzw. an der Entwicklung einer Sepsis. Achtzehn Patienten wurden erfolgreich herztransplantiert. Die Überlebensrate in dieser Patientengruppe entspricht etwa der von primär transplantierten Patienten.

Die Herztransplantation ist zu einem akzeptierten Therapieverfahren für Patienten mit einer anderweitig therapierefraktären terminalen Herzinsuffizienz geworden. Die Möglichkeit der Anwendung dieser Therapie wird jedoch weiterhin durch die zu geringe Zahl an verfügbaren Spenderorganen begrenzt. Daher bleibt die Aufgabe, alternative Behandlungsverfahren, wie z. B. das permanent implantierbare Kunstherz oder die Xenotransplantation, weiterzuentwickeln.

Multizentrische Studien über den akuten Myokardinfarkt aus Kanada und den USA: Myokardrettung und Gewebsumbildung

B. I. Jugdutt

Einleitung

Der akute Myokardinfarkt (AMI) bleibt weltweit eine Hauptursache für Tod und Behinderung. Die Killipsche Klassifikation [19] für Patienten mit AMI und deren Lebenserwartung in den 70er Jahren ist allgemein bekannt. Durch die Fortschritte in der Koronarbehandlung und der AMI-Nachbehandlung haben sich die Todesfälle seitdem etwas vermindert, was aus den Daten von Cairns et al. [1] hervorgeht. Trotzdem besteht bei den Patienten, die einen AMI überleben, das Risiko der Bildung eines Ventrikelaneurysmas sowie einer dekompensierten Herzinsuffizienz. 1978 erkannten Hutchins und Bulkley [5], daß die frühe Infarktexpansion ohne neue Nekrose die Hauptsache ist für Krankheit und Tod durch AMI. 1979 berichteten Eaton et al. [2] zum ersten Mal über die Erkennung einer örtlich begrenzten Erweiterung der linken Herzkammer bzw. einer Infarktexpansion anhand von Reihenaufnahmen mit einem zweidimensionalen Echokardiographen (2D-Echo) bei 28 Patienten in den ersten beiden Wochen nach dem AMI. Es wurde in den 80er Jahren klar, daß Komplikationen nach einem AMI nicht nur mit der Gesamtinfarktgröße zu tun haben, sondern auch mit der Schwere der Gewebsumbildung des linken Ventrikels bzw. einer topographisch auf die linke Herzkammer zu beziehenden Erweiterung des Lumens, die während des Heilungsprozesses stattfindet und ihrerseits die linke Herzkammerfunktion wie das Schlagvolumen beeinträchtigt. In unseren seit 1980 laufenden Studien sowie in denen anderer Forschungsgruppen zeigt sich, daß die Heilung nach dem AMI progressiv verläuft und daß dies zusammenhängt mit einer progressiv verlaufenden Gewebsumbildung. Der Zeitplan gilt für Hunde und muß auf Menschen erweitert werden.

Auf der histopathologischen und biochemischen Ebene sieht der Krankheitsverlauf folgendermaßen aus: akute Entzündung, chronische Entzündung und Nekrose, wenn der Infarkt relativ „blande“ verläuft. Darauf folgen Fibroblastwucherungen und Kollagenablagerungen, durch die die anfänglichen Deformationen verfestigt werden, was zu einer Narbe führt.

Auf der strukturellen Ebene findet frühzeitig eine Gewebsumbildung statt mit einer ebenfalls frühzeitigen örtlich begrenzten Expansion, mit Ausdehnung, Wandverdünnung und Erweiterung. Später zeigt sich eine Kollagenkomprimierung, eine weitere deutliche Wandverdünnung und eine verstärkte Dehnbarkeit.

Auf der molekularen Ebene findet bei der Expansion eine akute Verringerung der Muskelzellen in der Gefäßwand statt. Später gehen kollagene Fibrillen eine Verbindung ein mit den lebenden Muskelzellen und setzen der Überdehnung Widerstand entgegen. Trotzdem geht eine fortschreitende Erweiterung vor sich, besonders bei großen transmuralen Infarkten. Das führt zu einem Aneurysma des linken Ventrikels (LV), einer LV-Volumenüberlastung, einer LV-Hypertrophie und schließlich zu einer dekompensierten Herzinsuffizienz.

Die Hauptfaktoren, die bei der Gewebsumbildung eine Rolle spielen, sind Infarktgröße, Transmuralität, Heilungsmöglichkeiten und mechanische Deformationskräfte, besonders Vorlast, Nachlast und Beanspruchung der Gefäßwand [20, 21].

Die Ergebnisse aus unserer und anderen Forschungseinrichungen machen deutlich, daß die Therapie, die die Gewebsumbildung beschränken soll, sowohl auf die frühe als auch auf die spätere Phase der Therapie gerichtet sein muß. Das Potential für die Beschränkung der Gewebsumbildung und die Erhaltung bzw. Verbesserung der Herzfunktion ist größer bei der Therapie in der frühen Phase.

Wir haben in einer Versuchsreihe mit Hunden experimentell nachgewiesen, daß niedrig dosiertes Nitroglycerin – über 6 Stunden i. v. verabreicht – nach einem akuten Myokardinfarkt die Infarktgröße relativ zum Risikobereich [11] verringert. Daß das Experiment erfolgreich war, hing zusammen mit der verringerten Vor- und Nachlast und mit dem kollateralen Blutstrom. Durch solche kurzfristige Therapie wird die Infarktausdehnung bzw. die 7 Tage später gemessene Gewebsumbildung ebenfalls verringert [8]. Beim gleichen Versuchsmodell, bei dem die durch Nitroglycerin verursachte Hypotonie extrem stark war (bis zu einem mittleren arteriellen Druck von weniger als 80 mm Hg), wurde die Koronardurchblutung beeinträchtigt, der kollaterale Durchfluß stieg nicht, und die Infarktgröße verringerte sich nicht [7]. Die Infarktgröße nahm jedoch bei deutlichem durch Nitroglycerin verursachten Hypotonus zu, was die Notwendigkeit für eine vorsichtige Titration auf ein sicheres Maß der Dosierung verdeutlichte. In einer Versuchsreihe mit Ratten demonstrierten Pfeffer et al. [3, 25] eine fortschreitende Erweiterung der linken Herzkammer und die damit im Zusammenhang stehenden Krankheiten und Todesfolgen. Die Gruppe um Pfeffer [24, 26, 27] wies später nach, daß die linksventrikuläre Erweiterung schwächer wird, die linksventrikuläre Herzfunktion sich verbessert und die Überlebenschancen mit einer chronischen Captopril-Therapie geringer sind. In der Versuchsreihe mit Hunden haben wir gezeigt, daß die chronische Isosorbiddinitrat-Therapie während des Heilungsprozesses nach einem AMI zu einer Verbesserung der linksventrikulären Geometrie führt und die Dehnbarkeit der linken Herzkammer verringert [9]. Später haben wir nachgewiesen, daß eine chronische Therapie mit Isosorbiddinitrat, Captopril und Enalapril die linksventrikuläre Geometrie und Herzfunktion in der gleichen Versuchsreihe zu einer Verbesserung führt [10, 12, 13].

Vor diesem Hintergrund ist es klar, daß die Herzmuskelrettung noch breiter anzulegen ist und die Rettung des Ventrikulärmuskels sowie der ventrikulären Geometrie und Herzfunktion einschließen muß. Bei neuen therapeutischen Strategien müssen alle möglichen Varianten der Erhaltung des Muskels, seiner Geometrie sowie der Herzfunktion berücksichtigt werden, und zwar vom Zeitpunkt des Auftretens des akuten Myokardinfarkts an bis zum Abschluß des Heilungsprozesses, der sechs Wochen oder länger dauert. Aus pathophysiologischen Studien geht hervor, daß die ersten Stunden nach dem AMI den Dreh- und Angelpunkt in unseren Bemühungen zur Begrenzung der Myokardnekrose, der Gewebsumbildung und der ventrikulären Funktionsstörung darstellen.

Kurzfristige Nitroglycerintherapie

1988 publizierten wir die ersten abschließenden Ergebnisse einer großen, randomisierten Plazebo-kontrollierten Doppelblind-Studie mit geringen intravenösen Dosen Nitroglycerin in den ersten achtundvierzig Stunden nach dem akuten Myokardinfarkt [17]. Es waren 310 Patienten beteiligt: 154 Patienten bekamen eine Nitroglycerintherapie und 156 waren Plazebo-Patienten, denen 48 Stunden lang eine konstante Menge von 1 ml/min 5%ige in Wasser gelöste Dextrose verabreicht wurde. Die der Behandlung unterzogene Gruppe erhielt eine Nitroglycerintherapie in niedriger Dosierung, wodurch sich der mittlere Blutdruck bei den Normotonikern um 10% und bei den Hypertonikern um 30% vermindern sollte. Diese Applikationsmethode basiert auf unseren experimentellen Daten sowie den klinischen Daten anderer Forschungsgruppen (einschließlich Bussman, Flaherty und Jaffe), deren Daten wir zusammengefaßt haben [15]. Die Ergebnisse zeigten, daß eine niedrigdosierte Nitroglycerininfusion bei AMI ausreichend sicher war, die Infarktgröße und Infarktexpansion einzuschränken, die wichtigsten mit dem Infarkt im Zusammenhang stehenden Komplikationen zu verringern und die Überlebenschancen während der Krankenhausbehandlung und ein

Jahr danach zu verbessern. Die Myokardrettung, die anhand der kumulativen Kreatin-Kinase-Infarktgrößen-Bestimmung bewertet worden ist, zeigte sich an den Vorder- und Innenwandinfarktbereichen entsprechend einer frühen bzw. späten zeitlichen Einordnung der Therapie. Die Rettung war bei einer frühen Therapie, innerhalb von 4 Stunden nach Auftreten der Symptome, am besten. Rettung war jedoch auch dann noch möglich, wenn die Therapie innerhalb von 10 Stunden nach Beginn des AMI begann. Die Myokardrettung war auch größer in der Untergruppe mit einem mittleren arteriellen Druck über 80 mm Hg. Örtlich begrenzte linksventrikuläre Funktionsstörungen bzw. Koordinationsstörungen nahmen ab, und die linksventrikuläre Ejektionsfraktion verbesserte sich unter Nitroglycerin. Die Infarktausdehnung und die Wandverdünnung waren unter Nitroglycerin rückläufig. Die Funktionsklassen verbesserten sich unter Nitroglycerin. Andere wesentliche, mit dem Infarkt in Verbindung stehende Komplikationen nahmen ebenfalls ab, einschließlich des klinischen Infarktexpansionssyndroms, der Infarktausdehnung, einer Leitungsstörung, eines linksventrikulären Thrombus, eines kardialen Schocks und Todesfälle während der Krankenhausbehandlung. Was noch wichtiger ist: Durch Nitroglycerin wurde die Lebenserwartung um bis zu einem Jahr erhöht. Dieses Ergebnis resultiert hauptsächlich aus der Untergruppe mit transmuralem Vorderwandinfarkt bzw. Q-Zacken-Infarkt.

Nach der Studie entwickelte sich eine hämodynamische Toleranz während der niedrigdosierten intravenösen Nitroglycerintherapie bei weniger als 25% der Patienten [18]. Dadurch wurde die günstige Wirkung auf die Infarktgröße abgeschwächt, jedoch blieb die positive Wirkung auf die Herzfunktion, die Topographie und auf die Komplikationen bestehen. Diese Toleranz sollte uns also nicht davon abhalten, bei AMI die niedrigdosierte intravenöse Nitroglycerintherapie anzuwenden. Yusuf et al. [30] haben jüngst eine Metaanalyse durchgeführt mit bereits gesammelten Daten aus einzelnen klinischen Versuchen in Nordamerika und Europa, die bei AMI mit intravenösen Nitraten arbeiten, und dabei herausgefunden, daß bei der Mortalitätsrate eine höchst bedeutende Verringerung von 35% erreicht wurde.

Langzeitnitrattherapie

Als nächstes stellt sich die Frage, ob die Therapie in der späteren Heilungsphase nach dem AMI weitere Vorteile bringen kann. So wurde in einem Experiment in der ersten Woche nach Vorderwand-AMI in unserer Versuchsreihe bei Hunden in 6 Wochen in unserem Versuchslabor durch orale Nitroglycerintherapie die linksventrikuläre Herzfunktion, die physische Festigkeit sowie die Wandspannung verbessert und wahrscheinlich die Aneurysmabildung hintangehalten [9]. Wir haben vor kurzem bereits darüber berichtet, daß eine Langzeit-Nitroglycerintherapie, die nach einem Q-Zacken-AMI der Vorderwand bei Patienten in unserem Krankenhaus in den ersten 48 Stunden intravenös durchgeführt wurde und worauf eine sechswöchige bukkale Nitrat-Applikation folgte (dreimal täglich, mit einem achtstündigen nitratfreien Intervall, um vaskuläre Toleranz zu vermeiden), zu einer langfristigen Erhaltung der linksventrikulären Geometrie und zu einer Verbesserung der linksventrikulären Herzfunktion führte. In die randomisierte Plazebo-kontrollierte Doppelblind-Studie wurden 56 Patienten einbezogen [22]. Der Erfolg hielt bis zu achteinhalb Monate nach Unterbrechung der Therapie an [14].

Potentielle Wirkmechanismen

Zu den Wirkmechanismen, die den Erfolg bei Nitroglycerin ausmachen, gehören: verbesserte Hämodynamik (Verringerung der Vorlast, der Nachlast und eine verminderte Beanspruchung der Herzwand), verbesserte Herzgeometrie, verbesserter Durchfluß und verbesserte Durchblutung, verbesserte Leistung in bestimmten Bereichen und insgesamt, verringerte Infarktgröße und verringerte infarktabhängige Komplikationen.

Weitere Therapien

Beschränkungen der Gewebsumbildung können durch verschiedene therapeutische Maßnahmen über verschiedene Wirkmechanismen erreicht werden. Es hat sich bei unserer Versuchsreihe mit Hunden gezeigt, daß auch die ACE-Hemmer Captopril und Enalapril wirksame Mittel für eine erfolgreiche Gewebsumbildung nach dem AMI sind [13].

Durch die Thrombolyse-Therapie, die den vorderen Koronardurchfluß wiederherstellt und den Myokard rettet, wurden die Überlebenschancen sowohl bei der großen italienischen GISSI-Studie [4] als auch bei der internationalen Untersuchung ISIS-2 [6] verbessert.

Obwohl die erfolgreiche Wiederherstellung der Koronardurchblutung mit der Erhaltung der Geometrie verbunden ist, wird nicht immer unmittelbar die sofortige Erhaltung der Herzfunktion erreicht. Diese Trennung zwischen Erhaltung der Geometrie und der Herzfunktion ist möglicherweise zurückzuführen auf eine Betäubung des Herzmuskels und eine die Reperfusion verhindernde Schädigung. Es kann jedoch eine zusätzliche Therapie für eine sofortige Wiederherstellung der Herzkammerfunktion in diesem Zusammenhang angewendet werden, wie wir es mit intravenösem Nitroglycerin gezeigt haben [29]. Die Auswirkungen der Therapie mit intravenösem Nitroglycerin und einer späteren Wiederherstellung der Durchblutung mit Hilfe von Gefäßplastik und Streptokinase wurde in einer randomisierten Versuchsreihe mit 73 Patienten untersucht. Die Ergebnisse bezüglich der linksventrikulären Ejektionsfraktion liegen vor und lassen bei den mit Nitroglycerin behandelten Gruppen eine sofortige Wiederherstellung des alten Zustandes erkennen. Versuchsreihen, die in verschiedenen Zentren im Augenblick noch laufen und bei denen nach dem AMI eine Langzeittherapie mit ACE-Hemmern, wie z. B. Captopril (SAVE-Studie) und Enalapril (SOLVD-Studie), angewendet wurde, sind hauptsächlich auf die spätere Phase der Gewebsumbildung nach dem AMI gerichtet. Kürzlich haben Sharpe et al. [28] herausgefunden, daß durch eine Langzeit-Captopril-Therapie beginnend eine Woche nach dem Q-Zacken-AMI die linksventrikuläre Erweiterung eingeschränkt wurde und daß sich die linksventrikuläre Ejektionsfraktion nach einem Monat und bis zu einem Jahr dadurch verbesserte. Dies geht aus einer randomisierten Doppelblind-Studie mit 60 Patienten hervor (Captopril, Furosemid, Plazebo). Pfeffer et al. [23] haben ebenfalls nachgewiesen, daß durch eine Langzeit-Captopril-Therapie nach einem 11 bis 31 Tage alten Vorderwand-AMI mit Q-Zacke die linksventrikuläre Erweiterung eingeschränkt werden konnte und daß sich die Fähigkeiten zu körperlicher Betätigung bei einer einjährigen Nachfolgeuntersuchung in einer randomisierten, Plazebo-kontrollierten Doppelblind-Studie bei den beteiligten 59 Patienten durch diese Therapie verbesserten. (Captopril 30; Plazebo 29).

In unserer eigenen Versuchsreihe wird die Langzeittherapie mit Captopril- und Nitratbehandlung während des gesamten Heilungsprozesses nach dem AMI verglichen.

Langzeitnitrat im Vergleich mit Langzeitnitrat plus Captopril

Wir haben jüngst die vorläufigen Daten aus unserer 1988 begonnenen Untersuchung veröffentlicht [16]. In der randomisierten, Plazebo-kontrollierten Doppelblind-Studie wurden die folgenden Fragen gestellt:

1. Wie wirkt sich langfristig eine Langzeit-Therapie mit Nitroglycerin oder mit Captopril oder mit beiden in einem Zeitraum von 48 Stunden bis 6 Wochen

nach einem akuten transmuralen Myokardinfarkt (Q-Zacke) auf die linksventrikuläre Geometrie und Herzfunktion aus?
2. Bleibt der Erfolg, der nach 6 Wochen zu erkennen ist, bestehen, nachdem die Therapie unterbrochen worden ist?

Wir verfuhren nach dem Prinzip 2 × 2 (4 Patientengruppen).

Die allgemeine Behandlung *vor* der Randomisierung bestand aus:

Niedrigdosiertem intravenösen Nitroglycerin für einen Zeitraum von 48 Stunden.

- Die Titrierung erfolgte so, daß der mittlere Blutdruck bei Normaldruckpatienten um 10% und bei Hochdruckpatienten um 30% gesenkt wurde,
- aber nicht unter 80 mm Hg.

Das Behandlungsschema *nach* der Randomisierung bestand aus einem „Doppelplazebo“ mit:

- Captopril: 6,25 – 12,5 mg oral, dreimal täglich; durchschnittliche Dosierung 12,5 mg dreimal täglich,
- Nitrat: 1 – 3 mg bukkal, dreimal täglich; durchschnittliche Dosierung 2 mg dreimal täglich.

Sonderdosierung alle 5 Stunden (um 8, 13 und 18 Uhr), die durch ein „Washout“-Intervall von 8 Stunden unterbrochen wird.

- In beiden Fällen wurde die Titrierung der Anfangsdosis über zwei Tage verteilt, so daß der mittlere Blutdruck nicht um mehr als 10% sank.
- Plazebo: gleiches Plazebo bei Captopril- bzw. Nitratbehandlung.

Die vorläufigen Daten umfassen 80 Patienten, wobei je 20 in einer Gruppe zusammengefaßt worden sind.

Die linksventrikuläre Ejektionsfraktion wurde nach der Simpsonschen Regel durch das Plazebo nicht verändert, verbesserte sich jedoch durch die aktiven Therapien, und diese Wirkung blieb bis zu einem Jahr nach der Unterbrechung der Therapie erhalten.

Zu den positiven Wirkungen gehören folgende: Verringertes LV-Volumen, weniger LV-Koordinierungsstörungen, verringerte Expansion, verringerte Wandverdünnung, erhöhte LV-Ejektionsfraktion, verringerte LV-Aneurysmen-Bildung, verbesserte Krankheitsparameter. Es bestand jedoch kein Unterschied bei den positiven Auswirkungen nach der Langzeit-Therapie mit Captopril bzw. Nitrat bzw. Captopril plus Nitrat.

Zusammenfassend sei betont, daß unsere künftigen Anstrengungen bei der Herzmuskelrettung nach einem AMI sich auf den Ventrikulärmuskel, dessen Geometrie und Funktion während des gesamten Heilungsprozesses richten müssen. Eine frühzeitige Nitroglycerinbehandlung mit nachfolgender Applikation von Nitrat oder ACE-Hemmern oder von beiden könnte die künftige Methode zur Behandlung von Patienten nach einem AMI sein.

Literatur

[1] Cairns, J. A., J. Singer, M. Gent et al.: One year mortality outcomes of all coronary and intensive care unit patients with acute myocardial infarction, unstable angina or other chest pain in Hamilton, Ontario, a city of 375,000 people. Can. J. Cardiol. *5* (1989) 239–246.

[2] Eaton, L. W., J. L. Weiss, B. H. Bulkley et al.: Regional cardiac dilatation after acute myocardial infarction: Recognition by two-dimensional echocardiography. N. Engl. J. Med. *300* (1979) 57–62.

[3] Fletcher, P. J., J. M. Pfeffer, M. A. Pfeffer et al.: Left ventricular diastolic pressure-volume relations in rats with healed myocardial infarction. Effects on systolic function. Circ. Res. *49* (1981) 618–626.

[4] Gruppo Italiano per lo Studio della Streptochinasi nell' Infarcto Miocardico. Long-term effects of intravenous thrombolysis in acute myocardial infarction: Final report of the GISSI study. Lancet *2* (1987) 871–874.

[5] Hutchins, G. M., B. H. Bulkley: Infarct expansion versus extension: Two different complications of acute myocardial infarction. Am. J. Cardiol. *41* (1978) 1127–1132.

[6] ISIS 2 (2nd International Study of Infarct Survival) Collaborative Group. Randomized trial of intravenous streptokinase, oral aspirin, both, or neither among 17, 187 cases of suspected acute myocardial infarction: ISIS 2. Lancet *II* (1988) 349–360.

[7] Jugdutt, B. I.: Myocardial salvage by intravenous nitroglycerin in conscious dogs: Loss of beneficial effect with marked nitroglycerin-induced hypotension. Circulation *68* (1983) 673–684.

[8] Jugdutt, B. I.: Delayed effects of early infarct-limiting therapies on healing after acute myocardial infarction. Circulation *72* (1985) 907–914.

[9] Jugdutt, B. I.: Effect of nitroglycerin and ibuprofen on left ventricular topography and rupture threshold during healing after myocardial infarction in the dog. Can. J. Physiol. Pharmacol. *66* (1988) 385–395.

[10] Jugdutt, B. I.: Improved left ventricular geometry and function during healing after anterior and interior infarction in the dog. (Abstr). Circulation *78* (Suppl. II) (1988) II–643.

[11] Jugdutt, B. I., L. C. Becker, G. M. Hutchins et al.: Effect of intravenous nitroglycerin on collateral blood flow and infarct size in the conscious dog. Circulation *63* (1981) 17–28.

[12] Jugdutt, B. I., M. Ibrahim, J. Demare: Functional impact of remodelling therapy with captopril and nitroglycerin during healing after acute myocardial infarction. (Abstr). Clin. Invest. Med. *13* (1990) C44.

[13] Jugdutt, B. I., B. L. Michorowski, B. F. O'Kelly: Pharmacologic modification of left ventricular remodeling during healing after myocardial infarction. (Abstr). J. Am. Coll. Cardiol. *11* (1988) 252A.
[14] Jugdutt, B. I., B. L. Michorowski, W. J. Tymchak: Peristent improvement in left ventricular geometry and function after anterior transmural myocardial infarction by prolonged nitroglycerin therapy. (Abstr). Europ. Heart J. *11* (Suppl.) (1990) 190.
[15] Jugdutt, B. I., B. A. Sussex, W. J. Tymchak et al.: Intravenous nitroglycerin in the early management of acute myocardial infarction. Cardiovasc. Rev. Rep. *10* (1989) 29–35.
[16] Jugdutt, B. I., W. Tymchak, D. Humen et al.: Prolonged nitroglycerin versus captopril therapy on remodelling after transmural myocardial infarction. (Abstr). Circulation *82* (Suppl. III) (1990) III–442.
[17] Jugdutt, B. I., J. W. Warnica: Intravenous nitroglycerin therapy to limit myocardial infarct size, expansion and complications: Effect of timing, dosage and infarct location. Circulation *78* (1988) 906–919.
[18] Jugdutt, B. I., J. W. Warnica: Tolerance with low dose intravenous nitroglycerin therapy in acute myocardial infarction. Amer. J. Cardiol. *64* (1989) 581–587.
[19] Killip, T., J. T. Kimball: Treatment of myocardial infarction in a coronary care unit. A two-year experience with 250 patients. Am. J. Cardiol. *20* (1967) 457–464.
[20] Michorowski, B. L., P. J. Senaratne, B. I. Jugdutt: Deterring Myocardial Infarct Expansion. Cardiovasc. Rev. Rep. *8* (1987) 55–62.
[21] Michorowski, B. L., P. J. Senaratne, B. I. Jugdutt: Myocardial Infarct Expansion. Cardiovasc. Rev. Rep. *8* (1987) 42–47.
[22] Michorowski, B. L., W. T. Tymchak, B. I. Jugdutt: Improved left ventricular function and topography by prolonged nitroglycerin therapy after acute myocardial infarction. (Abstr). Circulation *76* (Suppl. IV) (1987) IV–128.
[23] Pfeffer, M. A., G. A. Lamas, D. E. Vaughan et al.: Effect of captopril on progressive ventricular dilatation after anterior myocardial infarction. N. Engl. J. Med. *319* (1988) 80.
[24] Pfeffer, J. M., M. A. Pfeffer, E. Braunwald: Influence of chronic captopril therapy on the infarcted left ventricle of the rat. Circ. Res. *57* (1985) 84–95.
[25] Pfeffer, M. A., J. M. Pfeffer, M. C. Fishbein et al.: Myocardial infarct size and ventricular function in rats. Circ. Res. *44* (1979) 503–512.
[26] Pfeffer, M. A., J. M. Pfeffer, C. Steinberg et al.: Survival after experimental myocardial infarction: Beneficial effects of long-term therapy with captopril. Circulation *72* (1985) 406–412.
[27] Pfeffer, M. A., J. M. Pfeffer: Ventricular enlargement and reduced survival after myocardial infarction. Circulation *75* (Suppl. IV) (1987) 93–97.
[28] Sharpe, N., J. Murphy, H. Smith et al.: Treatment of patients with symptomless left ventricular dysfunction after myocardial infarction. Lancet *1* (1988) 255–259.
[29] Tymchak, W. J., B. L. Michorowski, J. R. Burton et al.: Preservation of left ventricular function and topography with combined reperfusion and intravenous nitroglycerin in acute myocardial infarction. (Abstr). J. Am. Coll. Cardiol. *11* (1988) 90A.
[30] Yusuf, S., R. Collins, S. MacMahon et al.: Effect of IV nitrates on mortality in acute myocardial infarction: An overview of randomized trials. Lancet *1* (1988) 1088–1092.

Behandlung von Patienten mit Myokardinfarkt in der UdSSR

E. I. Chazov

Traditionsgemäß schenken die sowjetischen Ärzte den Problemen des Myokardinfarktes (MI) große Aufmerksamkeit, und zwar schon seit der ersten klinischen Beschreibung dieser Krankheit im Jahre 1909 durch Obraztsov und Strazhesko. 1959 wurden auf der Grundlage unserer Beobachtungen in der von Professor A. L. Myasnikov geleiteten Klinik die Grundprinzipien für die Behandlung des Myokardinfarks ausgearbeitet. Diese Prinzipien sind immer noch die Grundlage für die organisierte Arbeit bei der MI-Behandlung.

Obwohl sich seitdem unser Wissen über die Mechanismen bei der Entstehung eines MI beträchtlich vergrößert hat, einschließlich der Detailkenntnisse über die Herausbildung von Nekroseherden und Grenzzonen, die Entstehung von Herzinsuffizienzen usw., bleiben doch zwei Hauptprinzipien von größter Bedeutung:

1. Der Erfolg der Behandlung ist in großem Maße abhängig von der Zeitspanne zwischen dem Ausbruch der akuten Koronarinsuffizienz (MI) und dem Beginn der erforderlichen Gesamttherapie. Der Krankheitsverlauf der Patienten mit Myokardinfarkt und die Prognose der Krankheit hängt davon ab, wie schnell die Ärzte mit moderner Diagnostik und Therapie den Patienten erreichen können.
2. In der ganz überwiegenden Mehrheit der Fälle ist eine Thrombose der Herzkranzgefäße der wahre Grund für die Entwicklung eines Myokardinfarktes. Diese Thrombose führt nicht nur zu einer Nekrose, sondern auch zur Herausbildung von periinfarzierten Bereichen. Daher besteht gegenwärtig die Wahl zwischen zwei Methoden, nämlich der Thrombolyse oder der mechanischen Zerstörung des Thrombus.

In der westlichen Hemisphäre wurden diese Prinzipien besonders in einem Buch „Thrombose und Embolie bei der Behandlung von inneren Krankheiten“, das 1974 in Westdeutschland erschienen ist, behandelt.

Das erste Prinzip wurde durch unser Ambulanzsystem in breitem Maße realisiert. Das Ambulanzsystem besteht aus Einsatzgruppen, Zentralstationen und Bezirksstationen. Eine Einsatzgruppe besteht aus einem Arzt und einer oder zwei ausgebildeten Schwestern, die über eine tragbare Diagnoseausrüstung und über einen Vorrat an Medikamenten verfügen. Die Einsatzgruppe kann einen Patienten innerhalb von 15 bis 20 Minuten an jedem Ort erreichen und ihm die entsprechende medizinische Hilfe zukommen lassen, entweder zu Hause oder während des Transports des Patienten ins Krankenhaus. Jeder Bürger in jeder Stadt und in jeder Republik unseres Landes kann die Nummer 03 wählen und erhält kostenlos Hilfe von einer derartigen Einsatzgruppe. Die Geschwindigkeit wird dadurch erreicht, daß wir zusätzlich zu den zentralen Ambulanzstationen in den großen Städten ein hoch entwickeltes Netz sogenannter Bezirksstationen haben, die sich in allen Gebieten der Stadt befinden, wo sich auch das entsprechende Personal aufhält. In Moskau gibt es beispielsweise fünfundvierzig Bezirksstationen dieser Art.

Worin bestehen die Vorteile dieses Systems von Ambulanzeinsatzgruppen? Es ist allgemein bekannt, daß die frühzeitige Therapie des Schmerzsyndroms und der Rhythmusstörungen eine wichtige Voraussetzung für die Verhinderung bestimmter Arten eines kardialen Schocks und eines plötzlichen Herztodes ist. Im Augenblick besteht jedoch die Hauptaufgabe dieser Einsatzgruppe sowie jedes anderen Arztes, der einen MI-Patienten behandelt, darin, eine frühest mögliche Therapie mit thrombolytischen Mitteln sicherzustellen.

Als wir 1963 im Nationalen Gesundheitsinstitut in Bethesda (USA) unsere Daten und unsere ersten Erfahrungen mit Thrombolytika bei der Behandlung von Myokardinfarktpatienten vortrugen, konnten wir – angesichts der damals bestehenden Skepsis – noch nicht wissen, daß diese Methode einmal eine führende Methode der MI-Behandlung sein wird. Die Behandlung mit Thrombolytika basiert darauf, daß bei der Mehrheit aller Fälle ein Koronarverschluß die Hauptursache für die Störungen in der Blutzirkulation des Herzmuskels ist, der zur Bildung einer Nekrose führt.

Seit 1963 hat die thrombolytische Therapie eine große Entwicklung durchgemacht. Die Auflösung der Thromben hängt von der Wirksamkeit der thrombolytischen Mittel ab, ebenso wie von ihrer Konzentration im Bereich der Thrombusbildung und von der Dauer der Einwirkung. Angesichts dieser Faktoren suchten wir nach neuen thrombolytischen Mitteln und Applikationsmethoden. Von großer Bedeutung ist die Verringerung von Nebenwirkungen dieser Mittel wie Toxizität, hämorrhagische Komplikationen, allergische Reaktionen usw..

Gegenwärtig verwenden die Ärzte im klinischen Bereich in der ganzen Welt und speziell in unserem Land Streptokinase (Streptase), Urokinase, Gewebeplasminogenaktivierungsmittel und andere Thrombolytika. Alle diese Mittel haben bestimmte Vor- und Nachteile. Neben diesen Mitteln verwenden wir auch das thrombolytische Mittel Streptodekase, das in der UdSSR entwickelt worden ist. Dabei handelt es sich um eine Form der Streptokinase, die durch eine Dextran-Grundsubstanz immobilisiert worden ist.

Die Immobilisierung auf Dextranbasis erlaubte es, die antigenischen Eigenschaften dieses Mittels um das Dreißigfache zu verringern, die häufigen toxischen und allergischen Reaktionen auf Streptokinase herabzusetzen und, was das Wichtigste ist, die Dauer der thrombolytischen Wirkung nach einer Injektion auf drei Tage zu verlängern.

Ein wichtiger Schritt zur Erweiterung der thrombolytischen Therapie ist die Entwicklung der intrakoronaren Infusion von Thrombolytika. 1975 haben wir zum ersten mal die Möglichkeit einer interkoronaren Infusion von Thrombolytika demonstriert. Doch unsere Erfahrungen haben gezeigt, daß diese Methode nur von einem begrenzten praktischen Wert ist, wegen der organisatorischen Probleme und der hohen Kosten der Angiographie, die erforderlich ist, um diesen Vorgang zu kontrollieren.

Gegenwärtig wird eine weitere Möglichkeit der Applikation von Thrombolytika zur Behandlung von MI-Patienten aktiv eingesetzt. Der Einsatz von gut ausgebildetem Personal, diagnostischen und klinischen Einrichtungen, schließlich die Möglichkeit, Kardioversionen im Notarztwagen durchzuführen, erlaubt es uns, mit der Thrombolyse-Therapie schon in den ersten Stunden nach Auftreten der Krankheit bereits vor Aufnahme ins Krankenhaus zu beginnen, d. h. in der Wohnung oder während des Krankentransports. Jeder Bürger unseres Landes kann diese Möglichkeiten kostenlos nutzen.

Worin liegen die Vorteile dieser Methode? Die Antwort darauf erhält man, wenn man sich die Daten von zwei Gruppen von Patienten, die mit Thrombolytika behandelt worden sind, vergleichend betrachtet.

Die erste Gruppe wurde nach dem normalen Ablaufplan behandelt. Mit anderen Worten, ein Patient wurde in die Intensivstation eines Krankenhauses gebracht, wo eine Angiographie durchgeführt wurde. Deuten die Ergebnisse der Angiographie auf einen Verschluß hin, so wird der Patient einer Therapie mit Thrombolytika unterzogen. Bei einer erfolgreichen Therapie tritt die Wiederdurchblutung nach 5,5 Stunden ein.

Bei der zweiten Gruppe der Patienten wurde mit der Thrombolyse-Therapie vor der Einlieferung ins Krankenhaus begonnen und zwar unmittelbar nach der Diagnosestellung. Der Therapiebeginn lag im Durchschnitt bei 1,4 Stunden nach dem Angina-pectoris-Anfall. Die Patienten beider Gruppen wurden zur gleichen Zeit ins Krankenhaus eingeliefert. Bei der zweiten Gruppe war jedoch die

Thrombolytika-Infusionsbehandlung bei der Einlieferung ins Krankenhaus praktisch abgeschlossen. Nach den Ergebnissen der Angiographie trat die Wiederdurchblutung bei diesen Fällen innerhalb von 3 Stunden nach Beginn des Anfalls ein.

Die Daten der Koronarangiographie bei den Patienten der ersten Gruppe, die vor Krankenhauseinlieferung keine Thrombolytika bekamen, zeigen, daß bei 88% der Fälle ein Verschluß der vom Infarkt betroffenen Arterie vorlag. Hingegen stellte man fest, daß lediglich bei 15% der Gruppe mit der sofortigen Thrombolyse-Behandlung, also vor der Einlieferung ins Krankenhaus, ein Verschluß vorlag, während 85% der Patienten offene Arterien hatten. Bei der Behandlung vor Einlieferung haben wir mit intravenöser Streptokinase-Infusion gearbeitet, und zwar mit einer Dosierung von 1 000 000 Einheiten in 20 Minuten.

Unter den Bedingungen des schnellen Einsatzes von Thrombolytika vor Krankenhauseinlieferung mußten wir das Auftreten von zweierlei Komplikationen beobachten, nämlich lebensgefährliche Herzrhythmusstörungen und Hämorrhagien. Die Häufigkeit, mit der diese beiden Komplikationen auftraten, war für beide Patientengruppen gleich. Diese Komplikationen führten in keinem Fall zu einem tödlichen Ausgang. Herzinsuffizienz trat bei der Patientengruppe, die vor Einlieferung behandelt worden war, seltener auf. Diese Unterschiede bestanden in den Fällen fort, wo ausgedehnte Nachfolgeuntersuchungen durchgeführt worden sind, z. B. ein Jahr nach Auftreten des Infarkts. Die Sterblichkeit bei dieser Gruppe betrug am Ende des ersten Jahres 5% und war damit viel geringer als bei der Patientengruppe, die später behandelt worden war und bei der die Wiederdurchblutung später (nach 4–6 Stunden) eintrat.

Außer Streptokinase, Streptodekase und Urokinase haben wir eine Analyse der Wirksamkeit verschiedener Arten von Gewebeplasminogenaktivierungsmitteln durchgeführt. Das Mittel wurde innerhalb der ersten fünf Stunden der Erkrankung nach der Angiographie-Kontrolle der vom Infarkt betroffenen Arterienverschlüsse appliziert. Der Beginn der Infusion lag im Durchschnitt vier Stunden nach dem Beginn des Anfalls. Wir sind dabei nach folgendem Plan vorgegangen: 10 mg wurden als Bolusinjektion verabreicht, danach folgte eine dreistündige Infusion mit einer Dosierung von 50 mg in der ersten Stunde und 20 mg in den beiden folgenden Stunden. Die Gesamtdosis betrug 100 mg. Während der ersten fünf Tage der Erkrankung wurden die Patienten mit einer intravenösen Herapin-Infusion behandelt und zwar mit einer Dosierung von 1 000 Einheiten pro Stunde. 90 Minuten nach Beginn der Plasminogenaktivator-Infusion konnte bei 63% der Fälle eine Wiederdurchblutung der Koronargefäße festgestellt werden, während bei der Koronarangiographie 180 Minuten nach Wiederdurchblutung ein Wert von 70% festgestellt wurde.

Neben der hohen Wirksamkeit der Gewebeplasminogenaktivierungsmittel sollte man die hohe Zahl der im Laufe der Behandlung wieder auftretenden Thrombosen nicht außer acht lassen.

Eine erfolgreiche Behandlung des MI hängt in großem Maße von der Wirksamkeit der Vorbeugung und Behandlung der Komplikationen ab. Zunächst muß das Schmerzsyndrom unterdrückt werden. Normalerweise verschwindet es im Verlaufe der Thrombolyse-Behandlung. In der UdSSR verordnen wir dafür häufig die Inhalierung einer Mischung von NO mit Sauerstoff mit Hilfe eines kleinen speziellen Apparates. Bei schweren und langen Schmerzsyndromen wenden wir mit Erfolg die peridurale Anästhesie mit einer 2%igen Lidocain-Lösung, 80 mg alle zwei Stunden, an. Aufgrund unserer Beobachtungen ziehen wir den Schluß, daß die peridurale Anästhesie keine wesentliche Auswirkung auf hämodynamische Parameter, wie den mittleren arteriellen Druck, die Herzfrequenz und die Ejektionsfraktion hat.

Sehr bedrohliche Komplikationen stellen die ventrikulären Arrhythmien und das Kammerflattern dar. Zur Behandlung derartiger Komplikationen haben wir zum ersten Mal ein in der UdSSR synthetisiertes antiarrhythmisches Mittel angewendet. Dieses Mittel war bei der Behandlung von ventrikulären Extrasystolen besonders wirksam. Das Mittel, das jetzt in den USA hergestellt wird, gibt es nun auch in amerikanischen Kliniken. Gegenwärtig haben wir gerade eine klinische Versuchsreihe mit einem neuen Mittel abgeschlossen und sind zur klinischen Applikation bei der Behandlung von MI-Patienten übergegangen. Bei diesem Mittel handelt es sich um ein Pflanzenalkaloid, das aus Aconitum leicostonum isoliert worden ist.

Wenn man die Probleme der MI-Behandlung erörtert, muß man auch erwähnen, daß nach Mitteln gesucht wird, die in dem periinfarktierten Bereich ihre Wirkung entfalten, die den Stoffwechsel beeinflussen und den MI-Bereich eingrenzen. Wir haben verschiedene Mittel auf ihre Wirkungen hin untersucht, z. B. Hyalurinidase, Verapamil, Kreatinphosphat, oxidationshemmende Stoffe und Nitroglycerin. Nach unseren Feststellungen erwies sich die Nitroglycerininfusion als das wirksamste Mittel. Wir haben die Wirkungen des Nitroglycerins sowohl in Versuchsreihen als auch im klinischen Bereich untersucht, wo wir dieses Mittel seit über 15 Jahren einsetzen. Es aktiviert die Enzyme, die bei den Oxidations-Reduktionsprozessen in den Kardiomyozyten (z. B. Sukzinat-Dehydrogenase, Laktat-Dehydrogenase, Lucoso-6-Phosphat-Dehydrogenase) eine Rolle spielen, schützt die Nervenenden und aktiviert plastische Prozesse. Aus den präkordialen Daten der EKG-Aufzeichnungen und der Analyse der Enzymaktivität sowie der Nekrose-Marker geht hervor, daß die intravenöse Applikation von Nitroglycerin zu einer Begrenzung des Infarktausmaßes führt.

Nachdem wir auch andere therapeutische Mittel eingesetzt hatten, konnten wir eine schnelle positive Dynamik der ST-Segmente und die Reduzierung der Häufigkeit des Auftretens von Herzinsuffizienzen bei einer Gruppe von Patienten, die mit Kreatinphosphat behandelt worden waren, beobachten. Gegenwärtig ist ein neues, in der UdSSR entwickeltes, oxidationshemmendes Mittel, Hystochrom, im Stadium der klinischen Prüfung. Wir analysieren die Wirkung dieses Mittels auf das Verhalten von Myokardinfarkten.

In diesem Beitrag werden nur einige grundlegende Methoden und Probleme der MI-Therapie erörtert. Die Probleme sind natürlich viel zahlreicher, und ihre Zahl vergrößert sich immer noch, doch wir sind aus Zeitgründen nicht in der Lage, hier alle zu erörtern. Von den Problemen seien nur die erwähnt, die in Zusammenhang mit der Koronarbypass-Chirurgie in bedrohlichen Situationen stehen, der Behandlung der Herzinsuffizienz und der Therapie mit Beta-Blockern, Ca-Antagonisten, Acetylsalicylsäure usw.

Obwohl die Suche nach neuen Behandlungsmethoden und nach neuen wirksamen Mitteln sehr beschwerlich und kompliziert ist, muß sie trotz aller Schwierigkeiten fortgesetzt werden. In den vergangenen 30 Jahren ist es uns gelungen, die Kankenhaussterblichkeit bei MI-Patienten von 22% in 1959 bis auf 8,5% in 1989 zu verringern. Solche Zahlen sind heute nicht mehr einmalig. Wir meinen, daß der Erfolg, der mit der Therapie von MI-Patienten erzielt worden ist, ein Ergebnis der biomedizinischen Wissenschaft auf der ganzen Welt ist. Dieses Ergebnis wurde dank der gemeinsamen Anstrengungen der Wissenschaftler aus verschiedenen Ländern erreicht, und wir haben weitere Reserven auf diesem Gebiet. Wir müssen diese Arbeit fortsetzen und dabei den Leitspruch der antiken Mediziner, „Per aspera ad astra“, „Durch die Schwierigkeiten hindurch zu den Sternen“, hochhalten. Und es lohnt sich, denn der Preis – das Leben von Menschen – ist hoch.

Falldiskussion

Leitung: P. G. Hugenholtz

Hugenholtz: Es handelt sich um einen 73jährigen Patienten mit einer langjährigen Hypertonie-Anamnese. 1986 trat eine Verschlechterung mit Herzinsuffizienz ein. Der Patient wurde wegen Angina pectoris mit aortokoronaren Bypässen versorgt. Die präoperative Röntgen-Thorax-Aufnahme zeigt ein deutlich vergrößertes dilatiertes Herz. Die EKG's helfen zur Diagnosefindung nicht sehr viel weiter. Jedenfalls bestand kein definitiver Vorder- oder Hinterwandinfarkt. Zwischenzeitlich bekam der Patient Procainamid gegen Arrhythmien. Nachdem sich der Zustand verschlechtert hatte, erfolgte die Einweisung mit starken Rücken- und Armschmerzen, Nachtschweiß und leichten Temperaturen, Dyspnoe.

Der Patient erhielt unter dem Verdacht einer Allgemeininfektion Erythromycin. Gleichwohl verschlechterte sich das Befinden, so daß intubiert wurde.

Ein Echokardiogramm ist nicht durchgeführt worden – der Patient befand sich auf einer außereuropäischen Intensivstation.

Für die Differentialdiagnose ergeben sich verschiedene Möglichkeiten. Lupus erythematodes wäre mein Vorschlag. Was liegt der pleuralen Exsudation zugrunde? Procainamid kann zu einem derartigen Syndrom führen. Auch scheint eine Allergie oder septische Infektion nicht ausgeschlossen.

Was würden Sie gegen die Dyspnoe tun? Wer würde Nitroglycerin i.v. ex juvantibus verabfolgen?

Eines der Ziele dieser Diskussion sollte sein, darauf hinzuweisen, daß sich Medikamente auch für *diagnostische* Tests eignen können. Bei unklarer Diagnose verabfolgt man zeitweise ein Pharmakon und beobachtet die Reaktion. Innerhalb weniger Stunden könnte man herausfinden, ob das Herz nach Gabe eines Medikaments besser arbeitet: die Vorlast wird reduziert und auf diese Weise die allgemeine Herzfunktion verbessert. Dieser „Test" wird viel zu wenig durchgeführt. Prof. Bussmann zeigte, daß nach Gabe von Nitroglycerin der Füllungsdruck deutlich sank: von 50 auf etwa 17 mmHg.

Hetzer: Nitroglycerin ohne weitere Diagnostik zu infundieren, erscheint mir verfrüht.

Hugenholtz: Professor Hetzer, ich möchte Ihnen widersprechen. Was würden Sie vorschlagen? Eine Pleurapunktion ergab keinen Anhalt für eine Infektion. Nitroglycerin-Applikation kann die Herzfunktion durchaus negativ beeinflussen: wenn man die Vorbelastung zuviel vermindert und dadurch zuweit das Auswurfvolumen reduziert. Dies gilt aber nicht für den Fall eines „*Backward-Failure*". Sicherlich würde man zunächst ein Echokardiogramm und anschließend eine Punktion veranlassen. Beides wurde nicht durchgeführt. Bitte bedenken Sie, daß es sich um eine außereuropäische Klinik handelt. Außerdem bestand eine funktionelle Trikuspidalinsuffizienz.

Auditorium: Die Herzkonfiguration im Röntgenbild ist durchaus untypisch für eine akute Herzinsuffizienz mit Ergußbildung. In einer Notfalleinrichtung vergehen oft 30 – 60 min, bevor ein Echo verfügbar ist. Dagegen senkt Nitroglycerin den Druck sofort, weist auf die Diagnose hin und hilft dem Patienten unmittelbar.

Hugenholtz: Professor Hetzer, Sie haben in Ihrer Klinik sozusagen optimale Bedingungen, einen Echokardiographen, Transportmöglichkeiten, Assistenten ... In den größten Teilen der Welt muß man mit weitaus weniger auskommen. Intensivstationen haben dort nicht einmal einen Echokardiographen. Was würden Sie unter diesen Bedingungen tun?

Hetzer: Außer dem unklaren Röntgenbild verfügen wir kaum über objektive Befunde. Es kann sich danach um eine Pulmonalarterienembolie, Pneumonie, aber auch um eine Reihe andere Differentialdiagnosen handeln. Und in dieser Situation soll Nitroglycerin gegeben werden? Ich stimme mit diesem „diagnostischen Test" nicht überein.

Ich darf Sie an andere Untersuchungsmöglichkeiten erinnern: Besteht eine Halsveneneinflußstauung? Selbst wenn kein Echokardiograph vorhanden ist, so verfügt man ja doch über ein „normales" Ultraschallgerät. Wenn dieses auch nicht zur Verfügung steht, kann man auf einer Intensivstation zumindest einen Vorhofkatheter bzw. einen Pulmonalarterien-Katheter plazieren, der wichtige Daten zur Hämodynamik liefert. Nitroglycerin vor diesen Untersuchungen zu verabfolgen, scheint mir nicht akzeptabel zu sein.

Hugenholtz: Sie haben etwas wichtiges zum Swan-Ganz-Katheter gesagt. Seiner Anwendung stimme ich zu, wobei dann ein therapeutischer „Test" möglich wird? Bestehen Sie darauf, zunächst zu echokardiographieren, wie von Prof. Hetzer vorgeschlagen?

Auditorium: Man vermag doch schnell abzuschätzen, ob Nitroglycerin hilft oder schadet. Die Registrierung des Blutdrucks ergibt hinreichende Informationen, ob man das Richtige tut. Dies ist in jedem Krankenhaus zu leisten.

Bussmann: Bislang haben wir eine mögliche respiratorische Insuffizienz nicht beachtet. Es ist hervorgehoben worden, daß Atembeschwerden bestehen, daß sogar eine Ruhedyspnoe vorliegt. Dabei muß ein (pulmonal bedingtes) Lungenödem angenommen werden. Hier würde ich in der Tat Nitroglycerin sublingual verabfolgen. Wenn dies zu einer Besserung führt, weiß man, daß es sich um eine Linksherzinsuffizienz handelt und hat damit wahrscheinlich die richtige Diagnose.

Hugenholtz: Welche Bedeutung messen Sie dem i.v. zu verabfolgenden Nitroglycerin bei? Übereinstimmung in der Anwendung herrscht sicherlich, wenn die Diagnose klar ist. In jedem Fall würden wir zunächst Nitroglycerin ex juvantibus applizieren.

Auditorium: Ich habe auch derartige Fälle mit partieller Linksherzinsuffizienz ohne manifestes pulmonales Ödem behandelt, deren Blutdruck zeitweilig auf 90 mmHg absackte. Dabei bestanden erhebliche Atembeschwerden, jedoch kein „Heart Failure".

Hugenholtz: Jedenfalls wurde dieser Mann auf eine Intensivstation aufgenommen und intubiert. Der Zustand verbesserte sich. Zwei Wochen danach erfolgte die Verlegung auf eine allgemeine Station, wobei jetzt eine erhebliche Herzvergrößerung festgestellt wurde, feuchte RG und Erguß bestanden weiter. Das Echo erbrachte eine Ejektionsfraktion von 35%. Weiterhin bestanden Ödeme, darunter an jenem Bein, welchem die Chirurgen den Bypaß entnommen hatten. Weiterhin manifestierte sich eine Blutung, die auf einer Thrombozytopenie beruhte und ursächlich auf einen Lupus erythematodes visceralis zurückgeht.

Der Zustand des Patienten besserte sich allmählich. Unter der Annahme einer Herzinsuffizienz verabfolgte man Captopril, Erythromycin und Steroide wegen des Lupus – zwischenzeitlich traten arthritische Beschwerden auf.

Handelte es sich also um eine Herzinsuffizienz, um eine Allgemeininfektion oder um einen Lupus erythematodes mit Pneumonie, oder ist bei der Therapie ein Fehler unterlaufen, da sich der Patient trotz intensiver Bemühungen nicht hinreichend erholte.

Hetzer: Möglicherweise lag eine rezidivierende Pulmonalarterienembolie zugrunde, da links Infiltrationen bestanden.

Hugenholtz: Lungenembolie – gibt es andere Vorschläge? Thrombopenie und Blutungsbereitschaft bestanden weiter.

Hetzer: Ist die Procainamid-Behandlung zwischenzeitlich unterbrochen worden?

Hugenholtz: Procainamid wurde abgesetzt, möglicherweise hätte dies früher passieren müssen. Man beobachtet in der Praxis oft den Umstand, daß Ärzte nicht die Krankheit oder die Ursache derselben, sondern Symptome behandeln. So hatte die Rhythmusstörung, die mit Procainamid monatelang behandelt worden ist, gar nichts mit dem Grundleiden, dem Lupus erythematodes zu tun.

O'Rourke: Ist HIV nachgewiesen worden?

Hugenholtz: Ist mir nicht bekannt.

O'Rourke: Angesichts früherer Bluttransfusionen und der schweren Pneumonie ist dies ja nicht abwegig.

Hugenholtz: Deuten die geschilderten Symptome auf AIDS hin? Schließlich könnte es sich um eine Pneumocystis-carinii-Pneumonie gehandelt haben.

Jugdutt: Ursprünglich dachte ich an eine Herzinsuffizienz oder eine Aortendissektion wegen der Rückenschmerzen. Es könnte sich auch um einen inferioren Myokardinfarkt mit rechts- und linksventrikulärer Beteiligung handeln.

Hetzer: Nach meinem Dafürhalten konzentriert sich alles auf den Lupus erythematodes, wobei ich mehr als die 42 mg Steroide verabfolgen würde. Auch die Nierenfunktion ist beeinträchtigt, sodaß ein schnell fortschreitender Lupus vorliegen könnte. Ich würde hohe Dosen von Steroiden oder Zyklophosphamid verabfolgen. Als ultima ratio kommt eine Plasmapherese in Frage.

Bussmann: Der Patient hat offensichtlich einen Pleuraerguß und Lungeninfiltrate verschiedener Lokalisation, derzeit mit linksseitiger Betonung, davor vor allem rechts. Der Patient war lange bettlägerig mit rezedivierenden Pneumonien, kurzum: es könnte sich um eine „simple" Herzinsuffizienz handeln.

Hugenholtz: Dann sollten wir unsere Therapie intensivieren. Bisher wurde nur Captopril gegeben. Was halten Sie von Nitraten?

Bussmann: Hat man Diuretika angewendet? Wir müßten versuchen, einen Lupus erythematodes, der mit einer eingreifenden Behandlung verbunden wäre, auszuschließen. Wenn eine Herzinsuffizienz mit Pleuraerguß angenommen wird, sollte man die Herzfunktion überprüfen – also warum sollte man nicht Nitroglycerin verabreichen?

Hugenholtz: Genau das wollte ich hören! Ich darf Ihnen jetzt eine Lösung für dieses Puzzle anbieten. Der Patient verstarb im Koma. Hier sind die sechs aortokoronaren Bypässe, einer ist offen am RIVA, einer vollständig verschlossen, der die Hinterwand versorgte. Die anderen sind zwar offen, aber stenosiert.

Darüber hinaus wurden frische Infarzierungen, ein deutlich hypertrophiertes fibrosiertes Herz und arteriosklerotische Plaques der herznahen Gefäße nachgewiesen. Glauben Sie, daß ein derart verändertes Herz überhaupt noch auf Nitrate reagiert und Nitroglycerin die geeignete Therapie ist?

Hetzer: Man hätte keine sequentiellen Bypässe anlegen dürfen. Drei derartiger Bypässe wurden angelegt, wobei man heute weiß, daß die Verschlußrate derartiger Bypässe viel höher ist als bei einem einzelnen Bypaß.

Hugenholtz: Die Operation erfolgte vor sechs Jahren.

Hetzer: Wir hätten den Patienten nochmals operiert.

Hugenholtz: Hier sieht man die Lungen. Die Pathologen sprechen von einer chronischen Blutstauung bei Herzinsuffizienz. Wie ist also die Diagnose?

Aspergillos-Mykose der Lungen! Das hat man innerhalb von zwei Monaten nicht herausgefunden.

Auditorium: Angesichts der bei Beginn der Erkrankung festgestellten Befunde (Röntgenübersichtsaufnahme mit Herzvergrößerung, rechtsseitigem Pleuraerguß, Temperaturen) ist nicht genügend getan worden, um zu einer Klärung zu kommen.

Hugenholtz: Kulturen aus dem Sputum und dem Pleurapunktat haben sich nicht anzüchten lassen. Man war zu sehr auf den Lupus erythematodes fixiert und hat die Infektion auf die Erkrankung ebenso bezogen wie die verschiedenen Lupusfaktoren, ANF.

Hetzer: Auch wir haben häufig Patienten verloren, bei denen postmortal Aspergillos nachgewiesen worden ist. In Berlin existiert ein sehr gutes mykologisches Institut. Heute sehen wir die Aspergillose häufiger als in der Vergangenheit, haben aber nach wie vor Schwierigkeiten mit der Diagnose. Die Dunkelziffer scheint noch höher zu sein.

Hugenholtz: Eine Pilzpneumonie scheint nach wie vor ein spezifisches Ursachengefüge zur Voraussetzung zu haben, z. B. längerer Aufenthalt auf der Intensivstation. Dieser Patient litt darüber hinaus an einer schweren koronaren Herzkrankheit, wobei fast alle Koronararterien völlig verschlossen waren. Dies und die Behandlung mit Antibiotika hat offensichtlich das Pilzwachstum begünstigt.

Das schönste Instrument, über das die Medizin verfügt, ist das Retrospektoskop, in diesem Falle zur Aspergillose, die viel häufiger vorkommt und viel früher diagnostiziert werden müßte.

Verleihung des Nitrolingual-Preises 1990

Athur Boskamp ergreift das Wort zur Verleihung:

Herr Dr. Münzel ist der Preisträger, der ermittelt worden ist. Der Titel der Arbeit lautet:

„Nitrattoleranz im epikardialen Arterien- oder im Venensystem wird nicht durch N-Acetylcystein in vivo aufgehoben, aber toleranzunabhängige Wechselwirkungen existieren“

Dr. Münzel korrigiert mit seiner Untersuchung eine Annahme zur Nitrattoleranz, die besagt, daß der intrazelluläre SH-Gruppenspeicher sich unter der Langzeitwirkung der Nitrate erschöpfen würde und dieser Speicher durch einen SH-Gruppenlieferanten wie N-Acetylcystein wieder ausgefüllt werden könne. Das Ergebnis von Dr. Münzel ist nun, daß N-Acetylcystein keinen Einfluß auf die Nitrattoleranz hat, sondern ausschließlich eine allgemeine Verstärkung der Nitratwirkung erzeugt.

Die Regulationsmechanismen im Gefäß, die – wie wir neuerdings wissen – sehr stark vom Endothel abhängen und in ähnlicher Weise auch durch Nitroglycerin beeinflußt werden können, sind also nicht so einfach darzustellen.

Es wäre erfreulich, wenn aufgrund dieser Untersuchungen von Herrn Dr. Münzel das Thema weiter erforscht werden würde.

Jetzt möchte ich aber doch zur Verleihung selbst kommen: Herr Dr. Münzel, meine herzlichen Glückwünsche. Dies ist die Medaille, die zur Erinnerung überreicht wird, und hier ist die Urkunde zum Nitrolingual-Preis. Nochmals herzlichen Glückwunsch und alles Gute.

Dr. Münzel: Ich möchte mich recht herzlich für diesen Preis bedanken und kurz in zwei Sätzen darauf eingehen, was diese Untersuchung – obwohl sie tierexperimentell durchgeführt wurde – für klinische Implikationen hat. Das Problem vor 1987 war, daß Becker ja gezeigt hat, daß mit N-Acetylcystein die Toleranz modifiziert werden kann, wobei die Toleranz nur zum Teil aufgehoben werden konnte, und ich glaube, zu diesem Zeitpunkt haben sicherlich auch bei Pohl-Boskamp viele Leute angerufen, „Wieviel N-Acetylcystein muß man den Patienten denn geben, damit eine Toleranzentwicklung aufgehoben werden kann?“

Die Befunde, die wir haben, passen eigentlich recht gut in das Konzept, was Herr Noack auch vorgestellt hat. Die Mikrozirkulation kann Glyceroltrinitrat nicht biotransformieren. Es kann kein NO abgespalten werden. Wenn wir in hohen Dosen N-Acetylcystein zugeben, wird die Abspaltung des NO-Radikals von NO verbessert, was letzten Endes aber noch in Widerstandsgefäß-Effekten resultiert, toleranzunabhängig ist und mit einer spezifischen Aufhebung von einer Nitrattoleranz durch intrazelluläre Mechanismen unserer Meinung nach nichts zu tun hat.